Farid Touati
Hassan Tariq
Damiano Crescini

Cartographie autonome de l'IQA, IoT WSN pour les applications à l'échelle urbaine

Farid Touati
Hassan Tariq
Damiano Crescini

Cartographie autonome de l'IQA, IoT WSN pour les applications à l'échelle urbaine

ScienciaScripts

Imprint

Cover image: www.ingimage.com

This book is a translation from the original published under ISBN 978-620-4-73191-9.

Publisher:
Sciencia Scripts
is a trademark of
Dodo Books Indian Ocean Ltd. and OmniScriptum S.R.L Publishing group
Str. Armeneasca 28/1, office 1, Chisinau MD-2012, Republic of Moldova, Europe
Printed at: see last page
ISBN: 978-620-5-38569-2

Contenu

1. Résumé

La qualité de l'air a acquis une importance vitale en raison des pandémies mondiales et du changement climatique. Les conditions climatiques extrêmes et le modèle d'air urbain dangereux avec des magnitudes intenses de polluants accompagnés par des émissions de carbone sont l'introduction de base du profil climatique de la terre dans colossal industriel. Les conditions de vie ambiantes ou écologiques, en d'autres termes la probabilité des formes de vie, dépendent de la condition environnementale qui est une combinaison de gaz, de température, d'humidité, de pression et de lumière. La qualité des processus de vie respiratoire est directement liée à la qualité de l'air dans un lieu géographique donné. Les dix principales agences de protection de l'environnement (EPA) ont convenu à l'unanimité de la norme de quatre gaz essentiels pour la qualité de l'air extérieur, à savoir l'ozone (O3), le dioxyde d'azote (NO2), le dioxyde de soufre (SO2) et le monoxyde de carbone (CO). La concentration ou le rapport entre les quatre gaz critiques et les particules de l'air, en parties par million (ppm), détermine l'indice de qualité de l'air (IQA) à un emplacement géographique donné. Par conséquent, un nœud de qualité de l'air extérieur standard (O-AQN) est nécessaire pour surveiller l'IQA en mesurant les quatre gaz avec des sensibilités croisées distinctes ainsi qu'un support de géolocalisation.

Dans la cartographie de la qualité de l'air à l'échelle urbaine extérieure, le temps de chauffe des capteurs électrochimiques, la sensibilité croisée, la typographie de la géolocalisation et l'efficacité énergétique sont des défis majeurs. Dans ce travail, un nœud de détection de la qualité de l'air multi-variable et sensible au gradient est proposé avec une détection déclenchée par événement basée sur la position, les amplitudes des gaz et l'interpolation de la sensibilité croisée. Dans cette approche, la température, l'humidité, la pression, la géo-position, la puissance photovoltaïque, les composés organiques volatils (COV), les particules, l'ozone, le monoxyde de carbone, le dioxyde d'azote et le dioxyde de soufre sont les principales variables. Les résultats ont montré que le système proposé a optimisé la cartographie de la qualité de l'air en temps réel pour le cluster géospatial choisi, c'est-à-dire l'Université du Qatar.

Ce travail se concentre sur une étude complète, la conception, la fabrication, les tests, l'étalonnage et le déploiement de nœuds de capteurs AQM de qualité industrielle avec une détection à très haute résolution pour garantir des

avertissements fiables contre le dépassement des limites autorisées du site et une alerte précoce. Les principales exigences en matière de surveillance des catastrophes sont le déploiement flexible, l'évolutivité du système et la récupération rapide des données pour localiser rapidement les zones dangereuses. Le système proposé utilise de nouvelles techniques et approches personnalisées pour l'alerte précoce des changements de l'indice de qualité de l'air (IQA) grâce à des réseaux multicapteurs alimentés par l'environnement.
En outre, les résultats de ce livre sont : 1) la compréhension des descriptifs de la qualité de l'air et des normes de l'EPA ; 2) les méthodes d'évaluation de l'IQA, les techniques et les analyses 5.

3) les capteurs de qualité de l'air et leurs applications ainsi que leurs limites ; 4) l'architecture des systèmes de qualité de l'air, leurs spécifications et leur utilisation ; 5) les réseaux de capteurs sans fil AQM et l'état de l'art du maillage AQI dans la pratique ; 6) la prochaine génération de systèmes AQI autonomes avec des capacités de pointe : récolte d'énergie, réseau maillé, gestion des batteries, optimisations de la radio et du traitement, et affichages intelligents ; 7) l'analyse et la cartographie des données basées sur l'IdO ; 8) la prévision et la prédiction de l'AQI ; 9) l'impact des systèmes et services AQM sur le bien-être social.
Les résultats ci-dessus sont d'une grande importance scientifique et technique pour la surveillance et la cartographie de l'environnement et de la qualité de l'air.

Mots clés : Cartographie de la qualité de l'air extérieur ; évaluation géospatiale de l'indice de qualité de l'air, cartographie des gaz dangereux ; évaluation des risques ; réseaux de capteurs sans fil ; récolte d'énergie. Prévision de la qualité de l'air.

2. Introduction à la qualité de l'air

Le terme "qualité de l'air" fait référence à un mécanisme d'évaluation des gaz qui peut être utilisé comme une variable unitaire standard pour régir la pollution acceptable de manière réciproque selon l'OMS, l'USEPA, l'AEE et l'UNEPA [1-3]. Un "capteur de gaz pour la qualité de l'air" est un instrument électronique ou électrochimique capable de détecter et de mesurer le rapport entre les particules de gaz dans un volume d'air donné, normalement désigné comme partie par million (PPM), dans d'autres cas comme partie par milliard (PBB), par le biais d'un élément de détection, et peut avoir une variété d'autres applications couvertes dans ce corpus de connaissances.

2.1. Méthodes d'évaluation de la qualité de l'air

À la lumière des orientations documentées par les principales agences de protection de l'environnement, l'OMS, l'US-EPA, l'AEE et le PNUE, la terminologie de la qualité de l'air fait référence à l'ensemble du corpus législatif de connaissances qui implique l'analyse, les méthodes et les critères basés sur la qualité de l'air [25]. Les principaux termes utilisés dans ce contexte sont :

a) Indice de qualité de l'air (IQA)
b) Cartographie de la qualité de l'air (AQM)

L'évaluation de la qualité de l'air (AQA) et l'atténuation des risques de crise atmosphérique (ACR) est un processus strictement séquentiel et systématique. Chaque phase a une signification et une contribution claires et précises pour la phase suivante. L'AQA et l'ACR impliquent l'estimation des seuils de gaz bio-tolérables, tels que l'ampleur des gaz dangereux et les ratios de polluants dans le volume atmosphérique ; l'AQA géospatiale pour orchestrer la gestion de la qualité de l'air au niveau régional ; enfin, la conception d'un modèle de volume d'air régional avec des variables efficaces et contributives pour fournir un plan d'atténuation [6, 7].

b.1.1. Indice de qualité de l'air (IQA)

L'indice de qualité de l'air (IQA) désigne précisément un tableau structuré comportant un seuil de tolérance biologique de polluants et de gaz dangereux spécifiques, recommandé par une agence de protection de l'environnement (EPA) nationale ou régionale dans la zone relevant d'une agence frontalière donnée. Les dix principales agences de protection de l'environnement (EPA) ont convenu à l'unanimité de la norme de quatre gaz principaux pour la qualité de l'air extérieur [8], à savoir l'ozone, le dioxyde d'azote, le dioxyde de soufre et le monoxyde de carbone. Les polluants de la poussière comprennent les versions PM-10 et PM-2.5A de la matière particulaire (PM) comme IQA extérieur standard avec des sensibilités croisées distinctes.

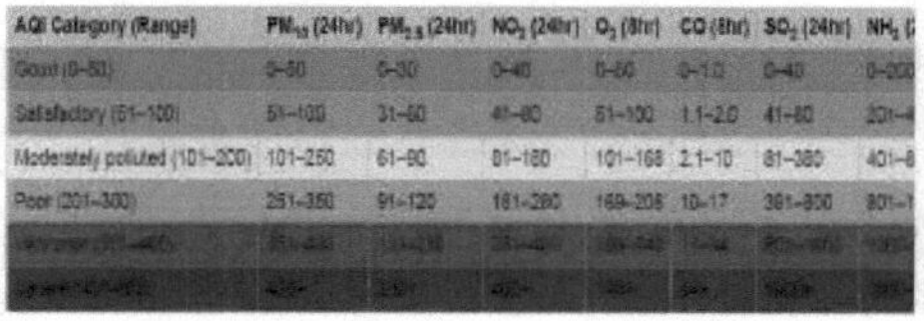

AQI Category (Range)	PM_{10} (24hr)	$PM_{2.5}$ (24hr)	NO_2 (24hr)	O_3 (8hr)	CO (8hr)	SO_2 (24hr)	NH_3 (
Good (0–50)	0–50	0–30	0–40	0–50	0–1.0	0–40	0–200
Satisfactory (51–100)	51–100	31–60	41–80	51–100	1.1–2.0	41–80	201–4
Moderately polluted (101–200)	101–250	61–90	81–180	101–168	2.1–10	81–380	401–8
Poor (201–300)	251–350	91–120	181–280	169–208	10–17	381–800	801–1
[illegible]	[illegible]	[illegible]	[illegible]	[illegible]	[illegible]	[illegible]	[illegible]
[illegible]	[illegible]	[illegible]	[illegible]	[illegible]	[illegible]	[illegible]	[illegible]

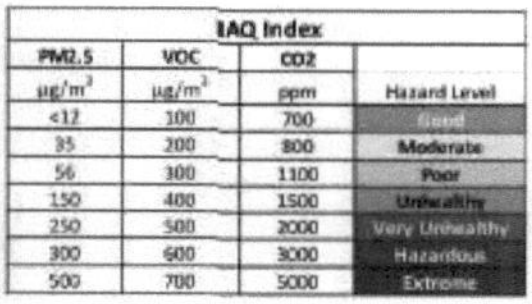

IAQ Index			
PM2.5	VOC	CO2	
$\mu g/m^3$	$\mu g/m^3$	ppm	Hazard Level
<12	100	700	Good
35	200	800	Moderate
56	300	1100	Poor
150	400	1500	Unhealthy
250	500	2000	Very Unhealthy
300	600	3000	Hazardous
500	700	5000	Extreme

a) Norme IQA extérieure EPAb) Norme IQA intérieure EPA

Fig 1. Tableau de l'IQA établi par l'EPA [9, 10].

Le graphique IQA de la figure 1 présente les seuils et les fenêtres limites obligatoires pour les variables IQA qui servent d'indice de pollution de l'air (IPA), terme inversé. Une autre innovation multiparamétrique de l'IQA en matière d'évaluation est l'indice de performance environnementale (IPE) du Yale Center for Environmental Law and Policy.

Cartographie de la qualité de l'air (AQM)

Les géolocalisations connectées dans le voisinage utilisant des procédures collectives de moyenne et d'estimation de la moyenne dérivent un MQA avec un paramètre supplémentaire : la valeur du système de positionnement géographique (GPS). Le processus de collecte de tous ces points et de leur orientation géospatiale est appelé AQM-P [11]. Il existe deux types d'AQM-P : (i) la cartographie de la qualité de l'air intérieur (I-AQM-P) et (ii) la cartographie de la qualité de l'air extérieur (O-AQM-P).

a. Cartographie de la qualité de l'air intérieur [11] b. Cartographie de la qualité de l'air extérieur [12]

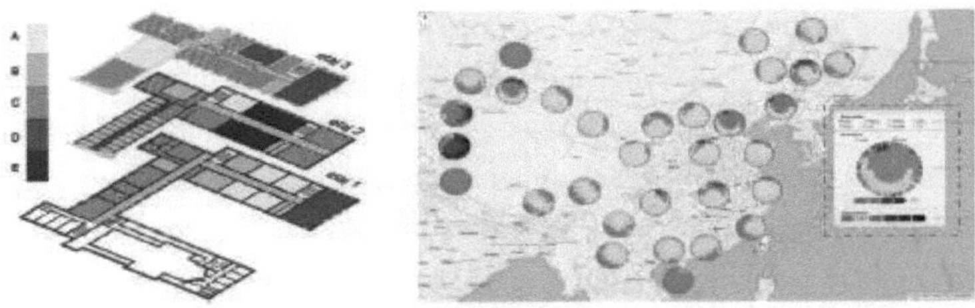

Fig 2. Deux approches fondamentales dans la GQA

La figure 2 montre que l'I-AQM-P concerne les bâtiments ou les locaux et que l'O-AQM-P concerne les régions. Il existe différents ensembles de gaz et de ratios de polluants de tailles moléculaires différentes [12]. De nombreux diagrammes et graphiques, ainsi que des schémas de présentation typographique, sont disponibles et leur normalisation est en cours pour l'AQM-P sur la base de leur efficacité relative.

2.2. Points critiques AQM (variables)

Dans cette section, nous mentionnons différents types de variables qui contribuent à la GQA pour le Qatar. Au Qatar, les conditions environnementales et climatiques difficiles rendent très difficile le traitement actif des activités extérieures pendant 70 % de l'année. Les systèmes automatisés et intelligents sont obligatoires pour une détection réussie, durable et résiliente dans les extrémités supérieures moyennes de 50,4 °C et 71 % d'humidité. La consommation d'énergie minimale ou la densité de puissance (mW/cm[1] [2] [3]) et l'efficacité énergétique (q%) sont les principaux objectifs des applications de détection ou de surveillance en extérieur, capteur par capteur et technologie habilitante par technologie. Les paramètres clés du nœud IoT multi-capteurs proposé pour une conception éco-énergétique dépendante de la batterie sont les suivants : tension de la cellule (VC = 1,2~3,3V, 2,2~3,8V, 1,2- 3,8V) ; cycles de charge/décharge (BN = 105~106, 104-105, 104-106) ; plage de capacité de stabilité (RC = 0.1~470uF, 300~3300uF 300~3300uF), l'énergie spécifique (Wh/kg =1.5~3.9, 10~15, 1.5~15), la puissance spécifique (kW/kg = 2~10, 3~14, 3~14), le temps d'auto-décharge à température ambiante (7~11 jours en Small et 22~49 jours en Long), l'efficacité (%) acceptable dans les plages de (90~95) ; et la durée de vie (5 à 10 ans).

Elle a mis en évidence la nécessité de disposer de plusieurs nœuds de détection de gaz avec des temps de préchauffage inférieurs à 5 minutes dans des conditions environnementales extérieures ambiantes.

Les agences mondiales telles que l'OMS, l'US-EPA, l'AEE et le PNUE s'appuient sur différents dispositifs et systèmes de mesure de l'environnement qui peuvent être classés dans les catégories suivantes [13-18] :

1) Capteurs de qualité de l'air
2) Systèmes de qualité de l'air
3) Réseaux sans fil de qualité de l'air

2.3. Capteurs de qualité de l'air

Les EPA ont recommandé des systèmes AQM et AQI pour se conformer aux normes intérieures et extérieures. Les capteurs peuvent être classés en trois catégories : 1) les capteurs d'IQA intérieurs ; 2) les capteurs d'IQA extérieurs ; et 3) les capteurs de santé/conditionnement de l'environnement. Les capteurs utilisés dans les systèmes AQM sont expliqués ci-dessous.

2.3.3. Matières particulaires (PM2,5 et PM10)

Le fonctionnement du capteur de poussière GP2Y1010AU0F est basé sur le signal d'impulsion appliqué à la borne LED pour activer la LED à l'intérieur du capteur. La lumière émise par la LED est réfléchie sur la photodiode. Le niveau de sortie mesuré par l'amplificateur de la photodiode indique la concentration de poussière. La figure 2 montre le circuit de conditionnement. Le capteur de PM a deux catégories de sensibilité basées sur la taille des particules de poussière et est présenté dans la Figure 3.

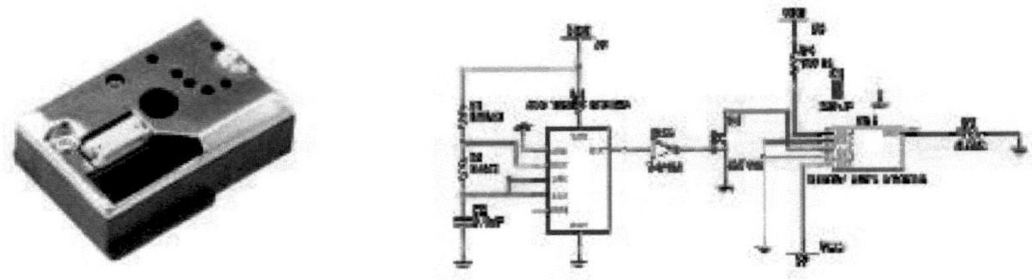

a. Poussière GP2Y1010AU0F b. Schémas

Fig 3. Capteur optique de poussière [14]

2.3.4. Capteur de dioxyde de carbone (CO2) de Cardon

Le capteur MG811 est utilisé pour mesurer la concentration de gaz CO2, car il a une bonne sensibilité et une faible dépendance à la température et à l'humidité. Le capteur a une plage de détection acceptable (350-10 000) ppm. La figure 4 montre le schéma du circuit du MG811.

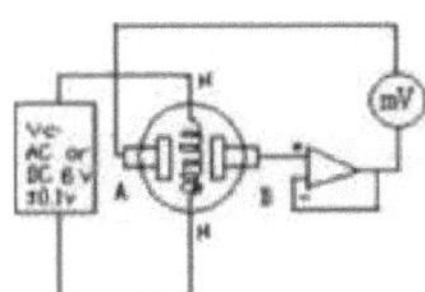

a. Capteur MG811 b. Schémas

Fig 4. MG811 (capteur de CO2) [15]

Le capteur donne une tension de sortie comprise entre (30-50) mV. Pour obtenir une tension de sortie appropriée, on utilise un amplificateur avec un gain de 100. La fiche technique fournit une relation entre la tension de sortie du capteur et la concentration de CO2.

2.3.5. Capteur de dioxyde d'azote (NO2)

La concentration de NO2 est mesurée avec un capteur MiCS-2710. La plage de détection du capteur est de (0,05-5) ppm, et la figure 5 montre le circuit de conditionnement du capteur. où VH est (1,7V), VCC est (2,5V), RL est (10 kQ) et VS est la tension de sortie. La fiche technique du capteur fournit une relation entre la résistance interne du capteur et la concentration en gaz (illustrée à la figure 5).

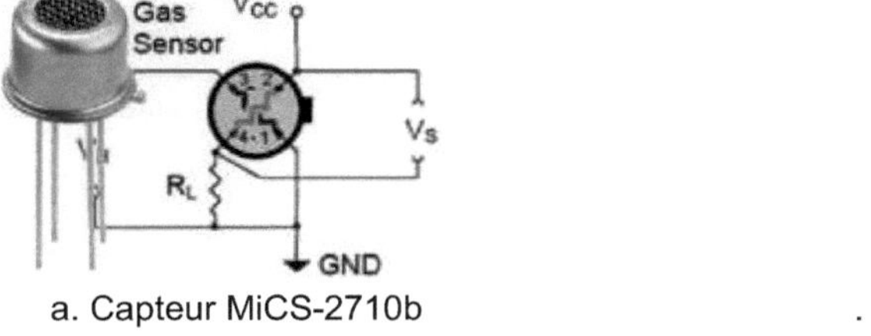

a. Capteur MiCS-2710b . Schémas

Fig 5. MiCS-2710 (capteur de NO2) [16]

2.3.6. Capteur de dioxyde de soufre (SO2)

Le MQ136 est utilisé pour mesurer la concentration de SO2, dont le circuit simple est illustré à la figure 6. Le capteur peut détecter des concentrations de SO2 entre (1-

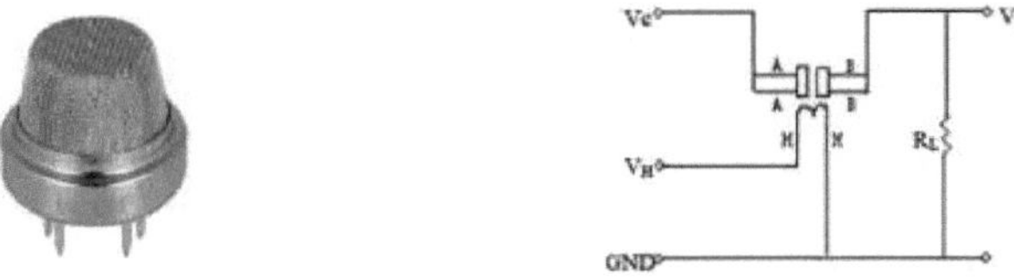

200) ppm.

a. Capteur MQ136 b. Schémas

Fig 6. MQ136 (capteur de SO2) [17]

où VH et VC sont tous deux 5 V, RL (2 kQ), et VRL est la tension de sortie. La fiche technique fournit une relation entre la résistance du capteur et la tension de sortie.

2.3.7. Capteur de mono-oxyde de carbone (CO)

Le capteur de gaz MQ7 sera utilisé pour mesurer la concentration de CO, qui peut détecter des concentrations comprises entre (20 et 2000) ppm. La figure 8 montre le capteur et le circuit de mesure.

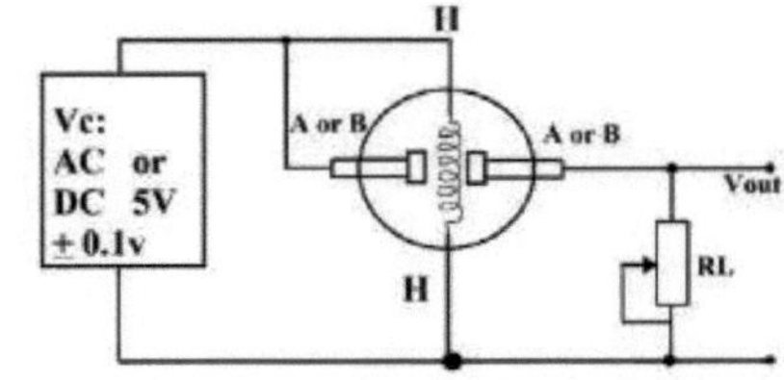

a. Capteur MQ7 b. Schémas

Fig 8. MG811 (capteur de CO2) [19]

où VC est (5V), VH est la tension de chauffage (indiquée sur la figure 8), RL est la résistance de charge, qui a été choisie pour être (2 kQ) et VRL est la tension de sortie. La fiche technique du MQ7 fournit également une relation entre la concentration de gaz et la résistance interne du capteur.

2.3.8. Capteur d'ozone (O3)

Le capteur électrochimique ME3-O3 détecte la concentration de gaz en mesurant le courant basé sur le principe électrochimique, qui utilise le processus d'oxydation électrochimique du gaz cible sur l'électrode de travail à l'intérieur de la cellule électrolytique, le courant produit dans la réaction électrochimique du gaz cible est en proportion directe avec sa concentration tout en suivant la loi de Faraday, alors la concentration du gaz peut être obtenue en mesurant la valeur du courant (voir figure 9).

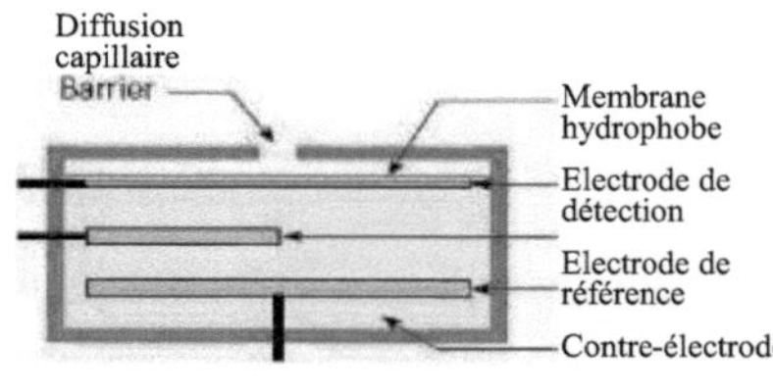

a. Capteur ME3-O3 b. Schémas

Fig 9.ME3-O3 (capteur O3) [20]

2.4. Systèmes et réseaux de qualité de l'air

Le terme de carte à nez électronique (ENB) a été utilisé par plusieurs chercheurs dans le monde pour désigner une carte d'instrumentation hétérogène multi-capteurs spécifique (Fig10 et 11) de [21], aujourd'hui appelée système de qualité de l'air (AQS). L'orientation des ENB pour une application de détection typique est appelée réseau de détection de gaz (GSA) ou grille GS (GSG) [22]. Les multiples GSA envoient des données à un collecteur central d'acquisition de données ou à une passerelle appelée GSG [23]. Différents GSA et GSG issus de travaux novateurs ont été examinés dans [24].

a) Trio GSG for I-AQA [22]

b) Wound Infection ENB [23]

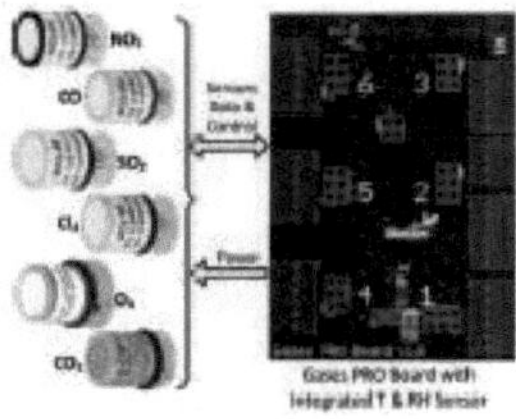

c) Smart Rig Test ENB [24]

Fig 10. Principales contributions dans les GSGs et ENBs appliqués

L'AQI a été réalisée dans un hôpital en utilisant l'estimation des moindres carrés pour les tests CVC à l'aide de Trio GSG [25], c'est-à-dire que les 8 gaz intérieurs ont été évalués comme indiqué dans la figure 10. Dans la figure 10, le SVM a été utilisé pour évaluer l'infection des plaies par l'ENB sur la base de 4 types de capteurs. En avril 2020, l'ENB le plus récent a été utilisé pour l'évaluation des MFC dans un banc d'essai d'étalonnage de capteurs de gaz [26].

Une augmentation de 41% de la conception et du développement de systèmes de détection de gaz et de polluants a été observée sur le marché de l'environnement depuis 2001 [27]. Les principales contributions des systèmes AirNut, PA-I et PA-II, Egg, PATS+ et S-500, CairClip, Portable ASLUNG, AirSensEUR, Met One, AQY v0.5, Vaisala AQT410, 2B Tech et AQMesh V3.0 avaient des capacités de mesure de polluants et de gaz spécifiques présentées dans [28]. FIS SP-61 de FIS, O3-3E1F de City Technology, AirSensEUR v.2 de Liberalntentio, et S-500 d'Aeroqual, et AirSensEUR utilisait un capteur Alpha Sense OX-A431 intégré limité à O3 [29]. Les modèles PMS1003 et PMS3003 de Plantower, DC1100 PRO et DC1700 de Dylos et

OPC-N2 d'AlphaSense ne détectent que les particules (PM) [30]. Le CO-3E300 de City Technology, le CO-B4 d'Alphasense, le MICS-4515 de SGX Sensortech, le Smart Citizen Kit d'Acrobotic et le RAMP ne peuvent mesurer que le monoxyde de carbone [31]. Cela souligne la nécessité d'un cadre de traitement des données de capteurs en temps réel pour les nœuds de détection de gaz multiples avec des temps de préchauffage inférieurs à 5 minutes dans des conditions environnementales extérieures ambiantes. Les systèmes de qualité de l'air les plus cités et les plus utilisés par la majorité des chercheurs sont les suivants : 1) Urban AirQ ; 2) Smart Citizen Kit ; 3) AirQ Mesh ; et 4) Libelium. Ils nécessitent des améliorations en termes d'efficacité énergétique, de GPS, de structuration des vecteurs de séries temporelles et de transmission de données à distance pour garantir une cartographie dynamique de la qualité de l'air [9-26].

2.4.3. Air urbainQ

La plateforme AirQ [26]de Vishal et al. était une solution intelligente et rentable pour la surveillance de la qualité de l'air. Elle prend en charge les technologies de communication de données sans fil, notamment WiFi, 4G, Bluetooth, LoRa, etc. Elle s'appuie sur une gestion des données non intégrée et sur la mise en œuvre d'algorithmes d'analyse des données intelligents présentés sur un tableau de bord AirQ et une application pour smartphone.

a) Urban AirQ Unit b) Urban AirQ Cluster c) Urban AirQ Units Assembly

Fig 11. Systèmes AirQ urbains dans différentes configurations [26].

Il dépendait d'un matériel et d'un logiciel externes et nécessitait davantage de traitement avec les seuls capteurs de qualité de l'air.

2.4.4. Kit du citoyen intelligent

Le kit du citoyen intelligent [27] dépendait d'une ressource supplémentaire appelée "station du citoyen intelligent". Nécessité d'améliorer les mesures de séries temporelles multi-variables et la précision de localisation, l'efficacité énergétique et la réduction du traitement des données. Détection multi-variable avec mesure simultanée des gaz et des variables environnementales.

a) Field Deployment

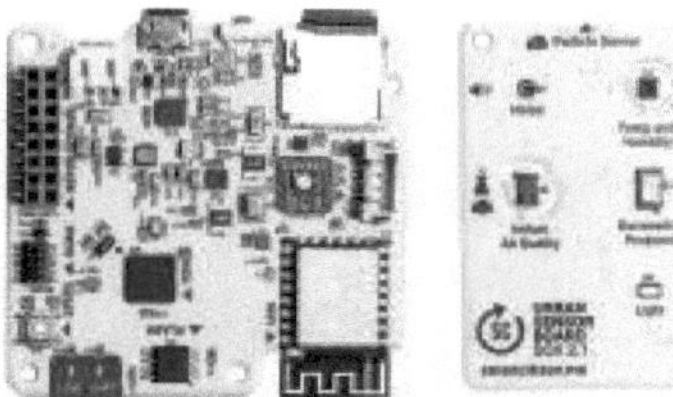

b) Smart Citizen Kit 2.1 Boards

Fig 12. Systèmes et déploiement du citoyen intelligent [27]

La version la plus récente de Smart Citizen V2.1 par Fab Lab avait des mises à jour de Sensirion SHT31, Invensense ICS43423, Rohm BH1721FVC, NXP MPL3115A2, AMS CCS811, et Plantower PMS 5003.

2.4.5. AirQ Mesh

Les moniteurs de qualité de l'air AQMesh peuvent être spécifiés pour surveiller un seul gaz ou jusqu'à 6 gaz, ainsi que les particules, le bruit, la vitesse et la direction du vent, le tout à partir d'une seule unité, avec une livraison de données transparente. Le réseau AirQ Mesh [28] de Nuria et al s'est concentré sur l'examen et la performance des plateformes AirQ existantes et leur utilisation maximale, ce qui a permis d'obtenir des résultats crédibles pour l'EPA et la directive sur la qualité de l'air (AQD). Les charges utiles de données étaient très élevées en raison d'erreurs d'estimation du temps de réponse, ce qui entraînait des besoins de stockage élevés et des problèmes d'énergie sur le terrain, qui constituaient les lacunes de la contribution de Nuria et al. Mesure les gaz NO, NO2, O3, CO, SO2, H2S et TVOC à l'aide de la dernière génération de capteurs électrochimiques - surveillance du CO2 avec un capteur NDIR. Mesure des particules PM1, PM2.5, PM10, TPC et TSP (jusqu'à 30 microns) avec un compteur optique de particules à diffusion de lumière. Les autres contraintes et variables typographiques sont également surveillées par le nœud maillé AirQ comme a) la surveillance du bruit avec un microphone omnidirectionnel ; b) un capteur météorologique pour la mesure de la vitesse et de la direction du vent ; c) des variables environnementales : humidité relative,

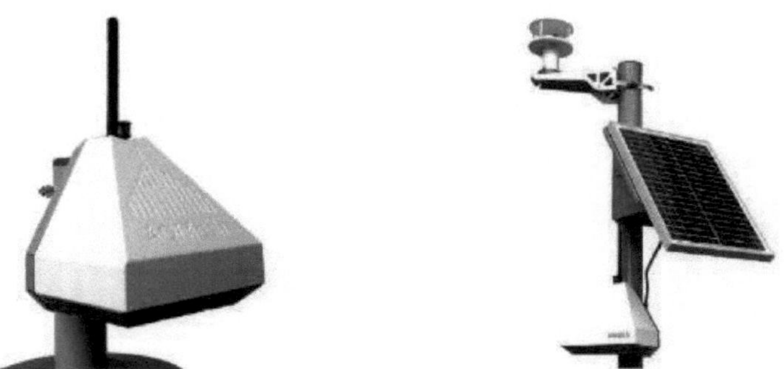

température de la nacelle, pression atmosphérique en standard.

Fig 12. Déploiement des systèmes de maillage AirQ [28]

2.4.6. Libelium AQM Gas Pro

De nombreux chercheurs et l'équipe de l'AQM (Benammar et al[31]) ont également utilisé la plateforme Libelium avec Raspberry Pi 3 comme mise en œuvre la plus avancée des modules Libelium Gas Pro en 2018. Le nœud de capteur communique sans fil avec la passerelle par l'intermédiaire de la passerelle.

a)Déploiement de b) Déploiement et assemblage du système

Modules radio XBee PRO. Un firmware dédié est développé pour le nœud de capteur comme décrit ci-dessous. La plateforme de capteurs Libelium a été choisie pour les nœuds de capteurs ; cette plateforme se caractérise par la modularité de son architecture et par sa capacité à supporter plusieurs capteurs et modules de communication. Le nœud de capteurs comprend : (i) un ensemble de capteurs calibrés ; (ii) une carte d'interface de capteurs appelée Gas Pro Sensor Board ; (iii) une carte de traitement et de stockage de données, appelée Waspmote, incorporant un microcontrôleur ATmega1281 fonctionnant à 14.74 MHz, une mémoire Flash de 128 kB, une SRAM de 8 kB, une carte 2 GBSD, une horloge en temps réel (RTC) de 32 kHz, sept entrées analogiques, huit entrées/sorties numériques, deux UART, un I2C, un SPI et un port USB ; (iv) un module de communication XBee PRO série 2

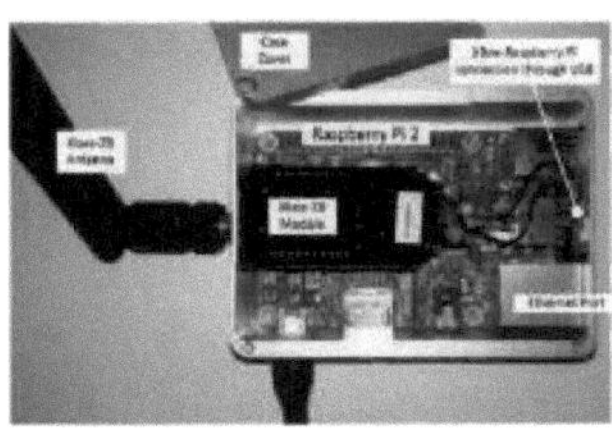

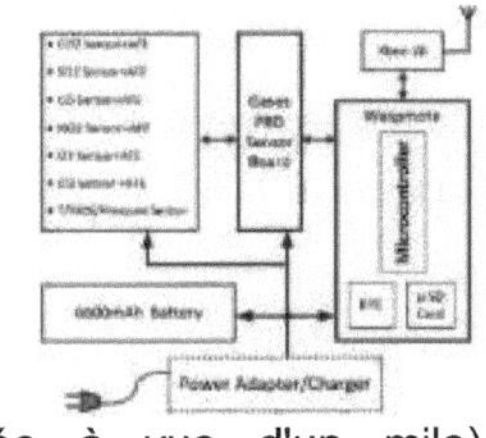

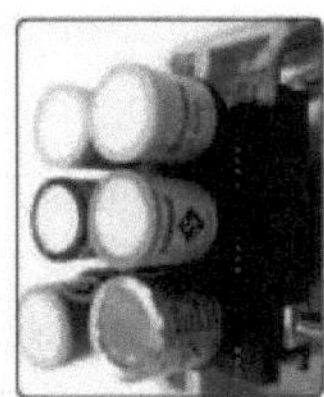

(portée à vue d'un mile) ; et (v) une batterie rechargeable d'une capacité typique de 6600 mAh.

a)Passerelle QU AQM

b) Architecture des nœuds de l'AQM et du Waspmote

En-tête

Fig 13. Déploiement des systèmes AQI intérieurs QU AQM [29]

Dans l'application intérieure actuelle, les nœuds de capteurs sont alimentés par les prises principales, et la batterie est principalement requise pour le RTC et la sauvegarde en cas de panne de courant temporaire. En outre, le potentiel d'amélioration du modèle de traitement des données tenant compte du contexte et du seuillage pour la détection a été examiné par Hasan et al dans [24, 25] pour un nœud monocarte multicapteur. Les schémas d'efficacité énergétique étaient l'une des principales lacunes soulignées par A. Abdaoui et al dans [26] et M. Abderrahim dans [27] pour la surveillance de la qualité de l'air ambiant. Les travaux de Lebilium Waspmote [23] étaient Zigbee mais nécessitaient un support GSM/GPRS pour la détection en extérieur et auraient été plus utiles s'ils avaient été équipés de traces géo-spatiales ou de supports de plans cadastraux pour toutes les variables mesurées comme AirBox [24].

permettent une détection maximale, un traitement minimal des données, une estimation de l'IQA et une capacité de déploiement sur de longues distances [30].

2.5. Réseaux sans fil pour la qualité de l'air

La surveillance de l'indice de qualité de l'air (IQA) en réseau est une préoccupation majeure dans les applications géospatiales intérieures et extérieures afin de couvrir la plus grande surface possible. Diverses technologies et protocoles ont été utilisés pour répondre aux besoins diversifiés et critiques dans ce domaine difficile. À l'échelle mondiale, les innovateurs et les utilisateurs finaux ont passé des décennies à développer et à améliorer la radio amateur (HAM), Bluetooth, Zigbee, IR, WiFi, LoRA, NFC, GSM et SATCOM. L'laaS AQM passe de clients zéro à des clients légers, et de même, de clients lourds à des serveurs avec des mises à niveau des technologies informatiques dans les technologies de communication générales ainsi qu'une contrainte de puissance de traitement élevée. Les nœuds AQI dotés de protocoles de communication pertinents tels que Near Field Communication (NFC), Xbee et Bluetooth Low Energy (BLE) étaient initialement des dispositifs intérieurs. L'AQM en extérieur dépend des technologies de communication à longue portée pour les applications à l'échelle urbaine et géographique. Depuis 2019, les systèmes AQI s'orientent vers des réseaux étendus à longue portée qui sont a) WiFi avec des répéteurs de 10Km ; b) NB- IoT Modems TRX ; et c) LoRaWANs comme le montre la figure 14 ci-dessous.

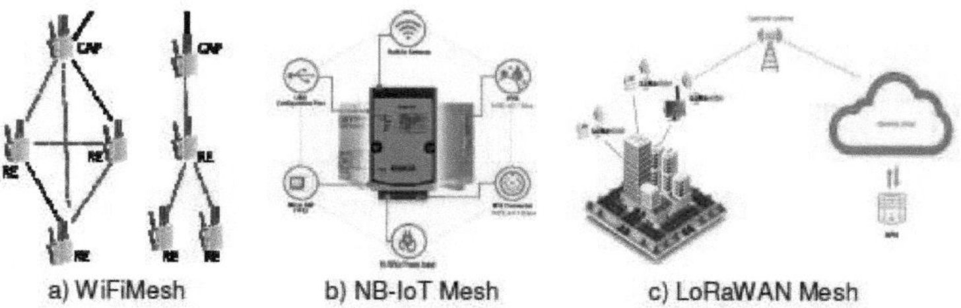

Fig 14. Technologies et structures des réseaux maillés de l'AQI [31].

La mise en œuvre la plus récente de l'AQM maillé par Benammar et al [31] a été utilisée pour l'AQI en intérieur et se compose d'un réseau maillé d'infrastructure avec des Xbees et un module RF200 aux nœuds relais, comme le montre la figure 15.

L'architecture globale du système IAQM proposé est présentée à la figure 15 (a). Le système présenté a collecté des données de QA 18
de plusieurs sites à un débit de données élevé et simultanément. Les données collectées ont été traitées et transmises à un serveur IoT pour être mises à la disposition des utilisateurs distants sous forme de graphiques et de tableaux. Dans chaque site de mesure (par exemple, une maison), plusieurs nœuds de capteurs collectent des données sur la QAI et les envoient à une passerelle. La passerelle traite les données reçues et affiche les données agrégées avec un horodatage vers le monde extérieur via Internet.

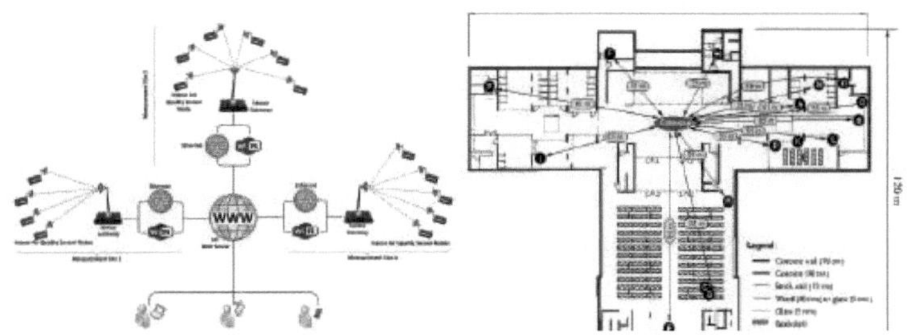

a) IAQM Network Infrastructure b) IAQM AQI Mapping Grid

Figure 15. Réseau maillé IAQM et application IAQM [32]

L'IAQM était une combinaison de nœuds WSN spatialement distribués en tant que clients zéro envoyant des données à des passerelles WSN avancées intégrées en tant que clients légers, et un serveur IoT en tant que client lourd. Ce système affichait les données en direct sur le serveur. En outre, il comprenait un outil de sauvegarde des données au niveau des nœuds de capteurs et des passerelles, garantissant l'absence de perte de données en cas de perte de communication au sein du système. La principale contribution de ce réseau maillé IAQM a été :

a) Un système IAQM modulaire distribué utilisant des nœuds de capteurs pour de nombreux paramètres de QA, un WSN et un serveur IoT a été développé. Le matériel et le logiciel du système sont décrits en détail.

b) Des passerelles assurant la transmission des nœuds de capteurs vers les serveurs IoT sans perte de données sont développées. En effet, la solution comprenait un mécanisme de détection des erreurs de transmission et de resoumission des paquets en cas d'interruption temporaire de la communication.

3. Systèmes IoT autonomes de cartographie de l'IQA

3.1. Nœud V1IoT SERENO pour la surveillance de la qualité de l'air intérieur

La conception de systèmes autonomes pour la gestion de la qualité de l'air à l'intérieur des bâtiments comportait trois défis majeurs qui ont été résolus de manière chronologique à l'aide de sections dédiées [33] :

1) Section Gestion de l'énergie et récolte de l'énergie
2) Section de détection de l'IQA intérieur
3) Section Communication de données et réseau maillé
4) Systèmes et versions de l'IQA intérieur SeReNo V1 manufacturés

5) 1.1. Section Gestion de l'énergie et récolte de l'énergie

Pour fournir une source d'énergie autonome au système de capteurs sans fil, nous avons dû prendre en compte l'énergie récupérée dans l'environnement pour augmenter la capacité de stockage d'énergie de la batterie (si la batterie est destinée à être utilisée dans une configuration rechargeable), voire la remplacer complètement.

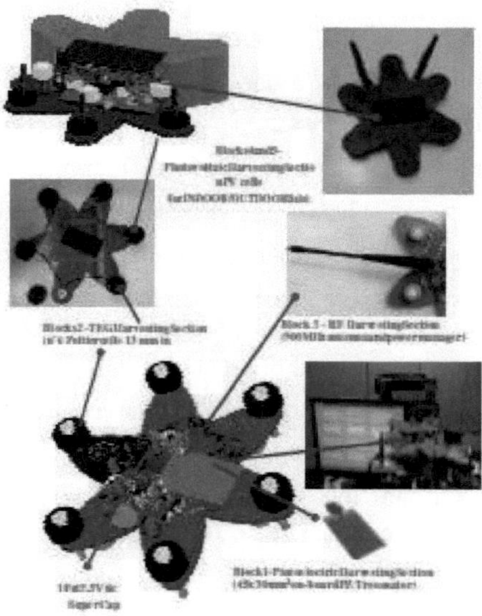

Fig 16. SeReNo V1 : Section de gestion de l'énergie et de récolte de l'énergie [33] Dans la figure 16, nous voyons les sources d'énergie travaillant ensemble dans les fonctionnalités de récupération d'énergie simultanées et sont les suivantes :

a) Un collecteur d'énergie vibratoire dédié à la conversion de l'énergie autrement perdue des vibrations mécaniques en énergie électrique utilisable. Pour y parvenir, le résonateur mécanique a été monté dans une configuration sur mesure permettant d'accorder la fréquence naturelle du collecteur avec les sources de vibrations. Le résonateur mécanique est basé sur des matériaux PZT (numéro de référence V25W Volture series de Mide Inc.). Des exemples de la puissance générée pour différentes combinaisons de fréquences de résonance/masses sismiques/accélérations sont donnés ci-dessous :

- Fréquence accordée à 75 Hz avec une masse sismique de 0,5 g et 16 g ; Puissance extraite = 2,3 mW
-Fréquence accordée à 130 Hz avec une masse sismique de 0,5 g et 2,5 g : Puissance extraite = 0,8 mW
- Fréquence accordée à 180 Hz avec une masse sismique de 0,5 g et 0 g : Puissance extraite = 0,6 mW

b) Six générateurs thermoélectriques (TEG) à haute performance et à effet thermoélectrique très efficace (numéro de référence TG12-2.5-01L de Marlow Industries Inc.). Les rapports courant/tension sous différents gradients de température sont rapportés ci-dessous.

- 5 °C : ICC= 47 mA à 75 mV (puissance transférée = 0,5 mW)
- 15 °C : ICC= 127 mA à 200 mV (puissance transférée = 3,8 mW)

c) Une source d'alimentation RF à 900 MHz (voir Fig. 1, Bloc 3 [32]) basée sur le récepteur moissonneur Powercast P2110 qui convertit la RF en DC. Ce module se caractérise par un rendement élevé et une consommation d'énergie ultra-faible.

d) Une cellule solaire intérieure en silicium amorphe à couche mince (voir figure 1, bloc 4 [32]) comme source d'énergie avec une densité de puissance de 0,035 ^W/mm2 à 200 lux (numéro de référence 12/096/048 de Solems S. A. France). Les rapports courant/tension sous différents niveaux d'éclairement sont les suivants

-200 lux (lumière artificielle) : 33цA à 4,8 V DC,
-1000 lux (lumière artificielle) : 165цA à 5,4 V DC.

e) Une cellule solaire en silicium amorphe à couche mince pour l'extérieur (à travers une fenêtre) (voir figure 1, bloc 5 [32]) comme source d'énergie avec une densité de puissance de 6 ^W/mm2 à 200 W/m2 (numéro de référence 12/096/072 de Solems S. A. France). Les rapports courant/tension sous différents niveaux d'éclairement sont les suivants :

-200 W/m2 (lumière naturelle) : 7 mA à 6V DC.

-1000 W/m2 (lumière naturelle) : 33 mA à 6,5V DC.

Les convertisseurs hautement intégrés LTC3109 et LTC3330, idéaux pour récolter l'énergie excédentaire à partir de sources de tension d'entrée extrêmement basses, ont été utilisés pour le résonateur mécanique et la section TEG. En particulier, le module LTC3109 est conçu pour utiliser deux petits transformateurs élévateurs externes (le rapport adopté est de 1:100) pour créer un convertisseur DC/DC élévateur de tension d'entrée ultra-basse et un gestionnaire de puissance qui peut fonctionner à partir d'une tension d'entrée de n'importe quelle polarité. Cette fonction permet de récolter de l'énergie à partir de TEG dans des applications où le différentiel de température aux bornes du TEG peut être de polarité différente (ou inconnue). Cette fonction couvre automatiquement le SENNO empilé à une fenêtre dans le cas où les différences entre les températures ambiantes externes et la température intérieure de la pièce, à laquelle la polarité thermique change par exemple avec les saisons, peuvent servir de source de récolte d'énergie. Le convertisseur d'énergie gère la charge et la régulation de plusieurs sorties dans un système où la consommation moyenne est très faible, mais où des impulsions périodiques de courant de charge plus élevé peuvent être nécessaires. Cette approche est cruciale lorsque la consommation électrique de repos est extrêmement faible la plupart du temps, à l'exception des impulsions de transmission de données sans fil lorsque les circuits sont sous tension pour effectuer des mesures et transmettre des données. Dans la conception des nœuds SENNO, nous avons également porté notre attention sur un collecteur d'énergie RF, qui ne peut produire qu'une petite quantité d'énergie, mais qui est plus stable que l'énergie solaire, piézo-magnétique et thermoélectrique. Les fréquences cibles du capteur d'énergie RF ambiant sont 500 MHz, 900 MHz et 2,45 GHz. Par exemple, comme indiqué dans la réf. 17, Parks et al. ont réussi à faire fonctionner un nœud de capteurs en utilisant la récolte d'énergie RF à partir d'une onde radio de diffusion de télévision numérique de 500 MHz. La fréquence de 2,45 GHz est largement utilisée pour les systèmes de communication, tels que Wi-Fi et Bluetooth. Olgun et al. ont développé une technique pour piloter en continu un capteur de température et d'humidité avec un écran à cristaux liquides (LCD) en utilisant un collecteur d'énergie RF Wi-Fi. Dans la présente recherche, nous nous concentrons sur l'utilisation d'un module de captage

RF fonctionnant dans la bande ISM 902-928 MHz en utilisant le module Powercast P2110 qui fournit une tension de sortie variable, dans notre cas fixée à 5,25 V (comme valeur maximale), pour charger le super condensateur en logique OU avec les autres sources d'énergie. Le P2110 convertit l'énergie RF en courant continu et la stocke dans un condensateur (sur la broche Vcap). Lorsqu'un seuil de charge (1,25 V) du condensateur est atteint, le P2110 augmente la tension au niveau de tension de sortie défini et produit la tension de sortie. Des condensateurs plus grands se chargeront plus lentement mais entraîneront des cycles de fonctionnement plus longs. Lors des tests expérimentaux, nous avons adopté un condensateur de 330 mF. La valeur du condensateur déterminera la quantité d'énergie disponible à partir de la broche VOUT. Pour déterminer la quantité d'énergie récupérée de cette source, les tests ont été effectués dans une chambre anéchoïque en utilisant l'émetteur codé TX91501 avec une puissance d'émission de 3 W de puissance isotrope rayonnée effective (PIRE). La loi de l'énergie récupérée (en pW) à partir d'une puissance de 3 W EIRP à 915 MHz suit la loi exprimée par la fonction exponentielle POUT [pW] = 1196,49-d-2,50, où d (en m) représente la distance entre l'émetteur et le récepteur. A titre d'exemple :

-à 2,0 m avec une puissance d'émission RF de 3 W EIRP (915 MHz), nous récupérons la puissance de 194 pW.

- à 5 m avec une puissance d'émission RF de 3 W EIRP (915 MHz), on retrouve la puissance de 21 pW.

Sur la base des résultats expérimentaux et de l'équation de transmission de Friis pour un espace libre, nous avons besoin d'une puissance d'émission d'environ 30 W EIRP à 915 MHz pour couvrir une zone ouverte de 100 m2. Des mesures ont également été effectuées pour définir le temps de charge du supercondensateur de 330 mF. Dans le pire des cas, le temps de charge était d'environ 10 h (en considérant la distance entre le SENNO et le module d'émission d'environ 3 m avec une puissance d'émission RF de 3 W PIRE à 915 MHz ou de 10 m avec une puissance d'émission RF de 30 W PIRE à 915 MHz).

1.1.1. Section de détection de l'IQA intérieur

L'objectif principal de notre système était de construire un outil de surveillance de la qualité de l'air qui mesure les polluants avec des capteurs compacts et peu coûteux. On trouve sur le marché plusieurs types de transducteurs chimiques de gaz prêts à l'emploi. Chaque transducteur de gaz a un principe de fonctionnement, une taille, une précision et une consommation d'énergie différents, qui varient selon le type de capteur, comme le montre la figure 17.

Fig 17. SeReNo V1: Indoor AQI Sensing Section[33]

Fig 17. SeReNo V1 : Section de détection de l'IQA intérieur [33]

Grâce à l'utilisation de la technologie électrochimique, ce type de capteur se caractérise par sa petite taille et son temps de réponse court. En outre, les capteurs électrochimiques offrent plusieurs avantages pour les systèmes qui détectent ou mesurent les concentrations de différents gaz toxiques.

Tous les éléments de détection sont adaptés aux gaz et présentent des résolutions d'environ une partie par million (ppm) de concentration de gaz, ce qui correspond aux exigences de l'Agence américaine de protection de l'environnement (EPA). Ils fonctionnent avec une très petite quantité de courant, ce qui les rend bien adaptés aux nœuds sans fil auto-alimentés. Dans notre projet, nous avons adopté les capteurs électrochimiques suivants : NE4-CO monoxyde de carbone, NE4-NO2 dioxyde d'azote, NE4-NO monoxyde d'azote, NE4-H2S sulfure d'hydrogène NE4-CL2 chlore et NE4-NH3Ammonia de NEMOTO (des exemples de capteurs intégrés dans les PCB sont présentés à la Fig. 17. Des capteurs de température/humidité et de pression barométrique (Sensirion SHT21 et Freescale MPL3115A2 illustrés à la Fig. 17) ont également été adoptés dans la carte de capteurs. En effet, les données détectées par le transducteur de gaz sont sensibles à la température et à l'humidité ambiantes, tandis que la pression barométrique est un paramètre important à corréler avec les données des polluants atmosphériques.

3.1.3. Section de la carte du capteur de traitement des données

La carte de capteurs a été alimentée en utilisant un super condensateur 1F chargé à partir de la section de récolte à 5V DC, tandis que toute l'électronique de conditionnement des signaux des capteurs, le microcontrôleur et les émetteurs-récepteurs 433 MHz sont alimentés à 2,5V DC. Le contrôleur principal est construit autour d'un microcontrôleur PIC24 16 bits à très faible consommation d'énergie (XLP) de l'ordre du nanowatt, avec un courant d'alimentation de 500nA en mode SLEEP. Le microcontrôleur possède neuf canaux analogiques dédiés avec un compteur analogique-numérique (ADC) interne de 10 bits à conversion (SAR). La section de conditionnement du signal du capteur de gaz a été développée en utilisant des amplificateurs opérationnels Linear LT6004. Le LT6004 présente un courant d'alimentation ultra-faible (1 pA à 2,5V DC) et une faible tension de fonctionnement combinés à d'excellentes spécifications d'amplificateur telles qu'une tension de décalage d'entrée de 500pV maximum avec une dérive typique de seulement 2pV/°C, un courant de polarisation d'entrée de 60pA maximum, et un gain en boucle ouverte de 100000 qui le rendent idéal lorsqu'une excellente performance est requise dans des applications sans batterie alimentées par l'environnement. Le récepteur et l'émetteur 433 MHz sont des modules de Linx Technology qui peuvent fonctionner à 2,5 V CC avec une consommation de courant de 5 mA en mode transmission et réception, comme le montre la figure 18.

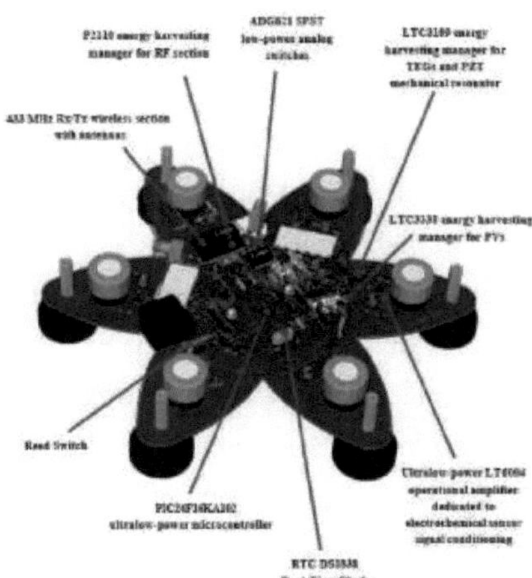

Fig 18. SeReNo V1 : Section de la carte du capteur de traitement des données [33]

L'ADG918, avec une consommation de courant de seulement 1pA, des dispositifs analogiques est utilisé pour commuter le signal d'antenne des modules récepteur et émetteur ; ainsi, une seule antenne externe est utilisée pour la communication bidirectionnelle. L'objectif principal de notre système était de construire un outil de surveillance de la qualité de l'air qui mesure les polluants avec des capteurs compacts et peu coûteux.

3.1.4. Section sur les réseaux maillés

La communication est un aspect essentiel, mais gourmand en énergie, de SeReNo-V1. Un fonctionnement économe en énergie nécessite une gestion attentive, comme la programmation des opérations du système, et l'application d'énergie à un module émetteur uniquement lorsque les données sont prêtes. Il est également important de développer un système de transmission de protocole d'économie d'énergie robuste qui garantit une faible consommation d'énergie et en même temps l'intégrité des données dans un environnement bruyant. Au SeReNo-V1, un protocole de transmission a été appliqué à la technique de codage Manchester pour obtenir un système de transmission de données robuste. Dans ce type de codage, le niveau logique "1" est défini comme une transition à mi-chemin entre une impulsion basse et une impulsion haute, et le niveau logique "0" est défini comme une transition à mi-chemin entre une impulsion haute et une impulsion basse. Chaque largeur d'impulsion a une durée de 1 ms ; ainsi, chaque niveau logique a une durée de 2 ms. Les impulsions de largeur précise sont obtenues à l'aide des temporisateurs internes du PIC24, dont les principales caractéristiques sont la répétabilité et une source de référence à quartz stable. Le paquet de données transmis est composé d'un signal de synchronisation avec une impulsion de niveau haut de 10 ms, d'un autre signal de synchronisation avec une impulsion de niveau bas de 10 ms, de 24 transitions "1" à "0" (1 ms pour chaque impulsion), des données obtenues par les capteurs et d'un signal final qui termine la transmission avec des impulsions codées au niveau logique "1". Les données envoyées par le premier prototype SENNO (où les capteurs NO2 et CO ont été installés) contiennent dans l'ordre l'ID SENNO (10 bits), qui identifie le nœud, l'ADC qui induit la conversion du capteur analogique CO (10 bits), l'ADC qui induit la conversion du capteur analogique NO2 (10 bits), la température (16 bits), l'humidité relative (RH) (16 bits), la pression barométrique (18 bits) et le contrôle de redondance cyclique (CRC) (16 bits) calculé en utilisant les données précédentes avec un algorithme spécifique. Le cycle de transmission complet a une durée totale d'environ 600 ms, ce qui conduit, avec une puissance requise de 16 mW pendant le fonctionnement, à une consommation d'énergie d'environ 10 mJ.

3.1.5. Systèmes et versions de l'IQA intérieur SeReNo V1 manufacturés

Un nœud AQI générique multi-variable SeReNo-V1 est composé de capteurs recommandés par l'EPA pour VO-AQI sur la base de l'équation (4), de sections de conditionnement de signaux, d'alimentation et de communication spécifiques à l'application. Le schéma fonctionnel d'un nœud AQI générique est présenté ci-dessous à la figure 19.

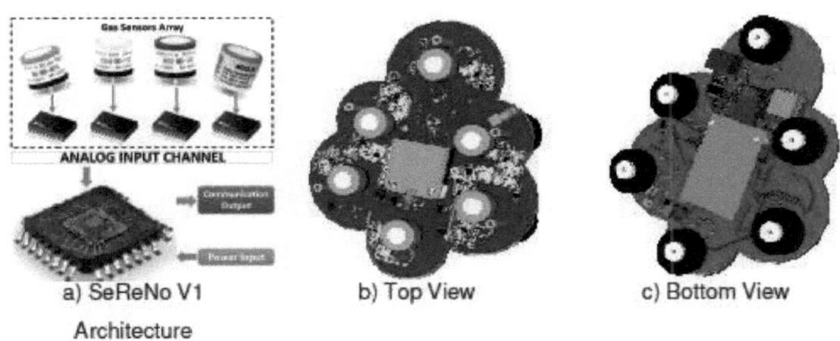

Figure 19. Une détection générique multi-variable de l'IQA [34].

Dans nos travaux précédents [16, 17, 21, 22], nous avions comblé les lacunes de conception dans la surveillance de la qualité de l'air intérieur et développé un nœud AQI multi-capteurs appelé Capteurs V1 révision 1 et révision 2 présenté dans la figure 19. Dans notre prochain travail de recherche, nous avons proposé un nouveau nœud O- AQM en améliorant l'architecture du système de SeReNo V1 comme SeReNo V2 présenté dans la figure 20.

3.2. Nœud SERENO V2 pour la cartographie de la qualité de l'air extérieur

Dans notre travail récent [26], nous avons développé des nœuds SeReNo V2 testés pour des opérations autonomes à longue distance de 1,5 an, qui ont été améliorés dans ce travail. Le nœud SeReNoV2 existant a été amélioré avec GAM et AQI-EE pour répondre aux besoins de l'état de l'art. La conception de systèmes autonomes pour la gestion de la qualité de l'air à l'intérieur des bâtiments comportait trois défis majeurs qui ont été résolus de manière chronologique à l'aide de sections dédiées :

1) Plate-forme de détection AQM SeReNo V2
2) Architecture des systèmes IoT autonomes Innovation
3) Modèle de détection multi-variable conscient du gradient en temps réel (GAM)
4) Moteur d'estimation de l'IQA en temps réel (AQM-EE)
5) Section de mise en réseau des mailles de l'IQA
6) Systèmes et versions de l'IQA intérieur fabriqués SeReNo V2

7) 2.1. Plate-forme de détection AQM SeReNo V2

La première étape de cette recherche a consisté à découvrir les variables pratiques qui contribuent à la gestion de la qualité de l'air et à des mesures de sécurité fiables en matière de pollution et de récolte d'énergie, résumées comme suit : couche d'application (RAM 1Mbit (23LC1024), uC (ATMEGA328P-M), série (FT232L) OLED (LS013B4DN04) + Couche réseau (GSM (QuectelM10), GPS (FGPMMOPA6H) + Couche perception {Bloc de capteurs G (4 x I2C AFEs avec (LMP91000 + MMBFJ177)) + Bloc de capteurs E (SHT21, MPL3115A2, GP2Y1010AU0F, IAQ-CORE_P)} + Bloc de capteurs PV (MAX17710) + Bloc de stockage (MAX6433) + Bloc de puissance externe (LM7805CDT) = 2220,038mW. L'architecture du système AQM V2 est présentée dans la figure 20 ci-dessous.

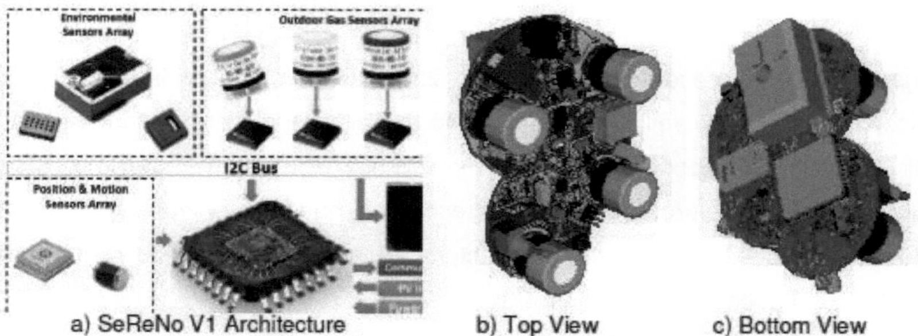

Figure 20. Une détection générique multi-variable AQM [20]

8) 2.2. Architecture du système IoT autonome Innovation

Pour réduire la consommation d'énergie dans les réseaux de capteurs sans fil (WSN), un nouvel algorithme de routage en grappe basé sur l'algorithme de Dijkstra (C.R.D.A) a été proposé. Notre objectif principal dans le C.R.D.A proposé est de définir un nouvel algorithme de routage en grappe permettant de réduire la consommation d'énergie. Par conséquent, nous avons utilisé un modèle de théorie des jeux pour trouver le placement optimal des nœuds puits. La probabilité de panne globale peut être écrite comme suit :

$$OP^{SB}_{system} = 1 - \left(1 - \prod_{i=1}^{L} OP^{SB}_{N_1}\right)\left(1 - \prod_{i=1}^{L} OP^{SB}_{N_2}\right) \quad (1)$$

2.3. Modèle de détection multi-variable sensible au gradient en temps réel (GAM)

Un vecteur de séries chronologiques de données structurées multi-variables en temps réel était nécessaire pour procéder à l'AM. Considérons un indice de qualité de l'air extérieur (O-AQI) standard de l'EPA avec des variables en temps réel comme la température T en centigrade, la pression P en pascals, l'humidité H en %, les composés organiques volatils VoC (ppm), les particules PM(ppm), l'ozone O3(ppm), le dioxyde d'azote NO2(ppm), le monoxyde de carbone CO2(ppm) et le dioxyde de soufre SO2(ppm). Les données O-AQI en temps réel ont été proposées comme une série temporelle commutative de vecteurs multivariables $v_{O\text{-}AQI}$ de deux séries temporelles non linéaires avec t1 et t2 de données de capteurs d'environnement E et de gaz G à un emplacement géographique particulier L donné comme suit :

$$V_{O\text{-}AQI}(t) = [E(t_1), G(t_2)] : L(t) \quad (2)$$

où t = (0, 1,2, 3, ...}

L'aspect pratique du temps de réponse des capteurs hétérogènes a été pris en compte pour la décomposition non linéaire de la série chronologique t, le temps de réponse du capteur de gaz t2 est supérieur au temps de réponse des capteurs environnementaux t1 avec la relation t2> t1 donnée comme suit :

$$t_2 = 3t_1 \qquad \text{where } [t_1, t_2] \in t \quad (3)$$

La fonction des variables environnementales des capteurs E pour le réseau de capteurs A_E(T, P, H, VoC, PM) comme E(A_E, t1) ; et pour le réseau de capteurs de gaz A_G(O3, NO2, SO2, CO) comme G(A_G, t2) et le vecteur de position L comme fonction de référence GPS utilisant les emplacements des cellules du réseau GSM (en utilisant AT+CIPGSMLOC=1,1) pour L_{GPRS} et le module GPS comme L_{GPS} (en utilisant AT+CGPSINF). Pour une GQA précise, le LGPS doit appartenir à la pente de LGPRS1 et LGPRS2 dans un format de pente particulier par NEMEA ; le spécificateur pour les cellules consécutives est donné comme suit :

$$L_{GPS}\,(X, Y) \in [L_{GPRS1}(X2, Y2), L_{GPRS2}(X1, Y1)] \qquad (4)$$

Le LGPS convenu est appelé L(t) lorsque la condition (3) est satisfaite. A partir des équations (1), (2), et (3), le vecteur AQM finalisé de VO-AQI a été dérivé comme suit :

$$V_{O\text{-}AQI}\,(t) = [E(A_E(T, P, H, VoC, PM), t_1), G(A_G(O3, NO2, SO2, CO), t_2)] : L(t) \qquad (5)$$

La transmission de ce vecteur AQM structuré peut être un leeching d'énergie. Nous introduisons ici un vecteur d'impact de gradient en fonction du temps de chauffe tW, du classificateur de sensibilité croisée CS, de la géolocalisation L(t) et de l'efficacité énergétique EE. Nous avons appliqué trois conditions de valeur bornée sur le GAM programmé dans le firmware SeReNo V2 :

a) L'unité du système obligatoire pour rester sous tension est le microcontrôleur avec une consommation d'énergie PM et en mode veille, il a une puissance PM-SLEEP avec tous les capteurs critiques actifs seulement.

b) Pour l'EE, le système doit avoir une puissance instantanée Pi variant entre PM-SLEEP < Pi< PM.

c) Le tW devait se trouver dans la partie inférieure de la courbe de Pi. De même, à magnitude constante du vecteur AE à tn et tn+1, les sensibilités croisées des différences devaient rester constantes à un L(t) particulier.

9) .4. Moteur d'estimation de l'IQA en temps réel (AQM-EE)

L'amplitude de l'IQA est estimée à partir de 6 variables atmosphériques critiques ou appelées polluants, à savoir les PM, VoC, O3, NO2, SO2, CO et le plomb. La variable critique avec l'amplitude maximale de l'IQA est appelée "polluant principal" et le calcul entier tourne autour de ses chiffres significatifs parmi toutes les variables atmosphériques critiques. Soit Ip l'indice du polluant principal ; Cp la concentration arrondie du polluant p ; BP-high le point de rupture supérieur ou égal à Cp ; BP-low le point de rupture inférieur ou égal à Cp ; Ihigh l'IQA correspondant à BP-high ; Ilow l'IQA correspondant à BP-low. L'IQA est estimé de manière générique comme :

$$I_P = [(I_{high} - I_{low})/(B_{P-high} - B_{P-low})] \times (C_P - B_{P-low}) + I_{low} \quad (6)$$

Chaque polluant a été formulé à l'aide de l'équation (5) et donné par dans les équations (6 à 11).

$$I_{O3} = [(I_{high} - I_{low})/(B_{O3-high} - B_{O3-low})] \times (C_{O3} - B_{O3-low}) + I_{low} \quad (7)$$

$$I_{SO2} = [(I_{high} - I_{low})/(B_{SO2-high} - B_{SO2-low})] \times (C_{SO2} - B_{SO2-low}) + I_{low} \quad (8)$$

$$I_{CO} = [(I_{high} - I_{low})/(B_{CO-high} - B_{CO-low})] \times (C_{CO} - B_{O3-low}) + I_{low} \quad (9)$$

$$I_{NO2} = [(I_{high} - I_{low})/(B_{NO2-high} - B_{NO2-low})] \times (C_{NO2} - B_{NO2-low}) + I_{low} \quad (10)$$

$$I_{PM} = [(I_{high} - I_{low})/(B_{PM-high} - B_{PM-low})] \times (C_{PM} - B_{PM-low}) + I_{low} \quad (11)$$

$$I_{VoC} = [(I_{high} - I_{low})/(B_{VoC-high} - B_{VoC-low})] \times (C_{VoC} - B_{VoC-low}) + I_{low} \quad (12)$$

L'objectif principal de notre système était de construire un outil de surveillance de la qualité de l'air qui mesure les polluants avec des capteurs compacts et peu coûteux. On trouve sur le marché plusieurs types de transducteurs chimiques de gaz prêts à l'emploi. Chaque transducteur de gaz a un principe de fonctionnement différent : taille, précision et consommation d'énergie, qui varient selon le type de capteur. Grâce à l'utilisation de la technologie électrochimique, ce type de capteur se caractérise par sa petite taille et son temps de réponse court. En outre, les capteurs électrochimiques offrent plusieurs avantages pour les systèmes qui détectent ou mesurent les concentrations de différents gaz toxiques.

10) .5. Cartographie de l'IQA Section réseau maillé

Dans ce travail, une passerelle autonome a été proposée sur la base d'un SoC on-chip avec un Li-Mesh double radio à longue portée (LoRA/GSM) pour un réseau maillé à l'échelle urbaine pour la gestion de la qualité de l'air en utilisant le diagramme de Voronoï [20] pour le tracé spatial de la gestion de la qualité de l'air. Cette passerelle a comblé les principales lacunes suivantes : a) matrice des décalages géographiques pour l'uniformité de la grille de mesure ; b) problème de mobilité à échantillonnage égal en raison de la variation des routes et de la typographie terrestre ; c) durabilité du réseau maillé en raison des pertes de signal RF ; d) disponibilité et durabilité de l'alimentation/énergie pour la survie de la passerelle.

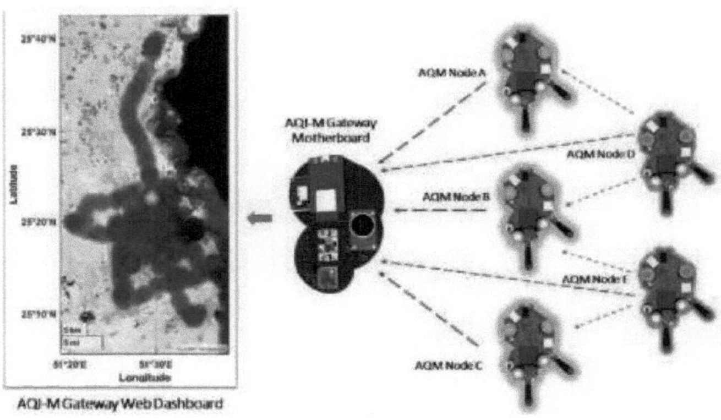

Fig 21. SeReNo V1 : Section de la carte du capteur de traitement des données

Les cinq nœuds AQM A-E envoient des données à la passerelle en dual-radio en fonction de la force du signal et de la disponibilité du prochain saut. Les nœuds les plus éloignés, hors de portée LoRA et WiFi de la passerelle, sont présentés en rouge et les nœuds les plus proches en cyan. Les nœuds A-C peuvent également agir comme des nœuds relais pour pousser les données collectées depuis les nœuds les plus éloignés de la passerelle. Les données collectées dans la passerelle sur la base des coordonnées GPS sont présentées sous forme de cartes géospatiales montrant les données et les emplacements.

11) .6. Systèmes et versions de GQA intérieurs fabriqués par SeReNo V2

La carte SeReNoV2 est constituée de deux couches et de deux côtés, soit 4 plans conducteurs. Les deux vues du PCB sont présentées pour référence avec des détails dans la fig 22.

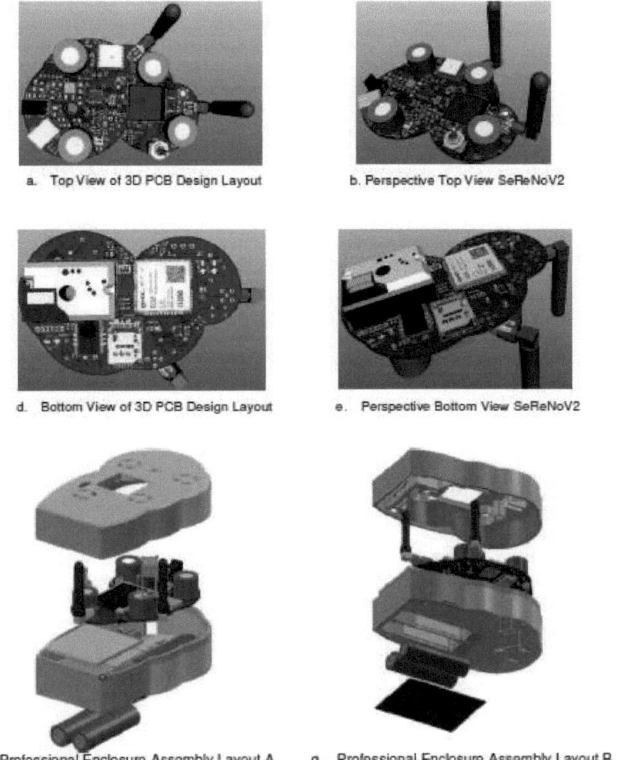

Fig 22. Vue de production de SeReNoV2 entièrement assemblé avec double antenne GSM

La BoQ a été générée et le système fabriqué est présenté dans la figure 22. Les nœuds SeReNoV2 fabriqués ont été programmés et entièrement assemblés avec les batteries et les antennes et présentés sur la figure 23.

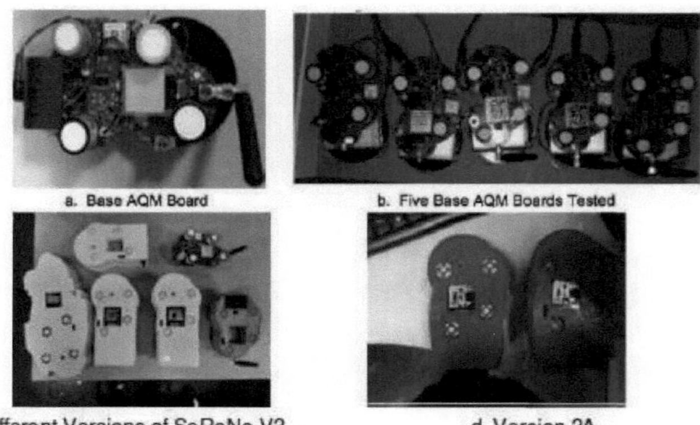

Fig 23. Unités complètes assemblées du SeReNoV2 révisé

La carte SeReNo2 a été testée pour des niveaux de champ de 3V et 10V Bande : 0.15MHz+80MHz.

Les annexes B et C sont jointes pour plus d'informations.

4. Systèmes de qualité de l'air et mécanismes de déploiement en réseau

Les résultats ont été résumés en deux sections distinctes basées sur les objectifs et les paquets de travail. Dans ce but, quatre étapes ont été adoptées de manière exhaustive comme mentionné dans les RIs. Les quatre méthodes utilisées pour les tests et le déploiement de SeReNo2 sont mentionnées ci-dessous :

- Déploiements statiques des nœuds AQM.
- AQM mobile au Qatar dans les principaux sites et stades.

4.1. Déploiements statiques de nœuds AQM au Qatar et en Italie

La WolfPack Station et les deux versions de SeReNo2 ont été déployées dans la serre QU et leurs plus de 500 premiers points de données ont été mesurés et enregistrés comme dans la fig. 24.

a. WolfPack AQM Station par GreyWolf b. Carte SeReNo2 en test

Fig 24. Trois procédures d'essais sur le terrain en extérieur d'une durée d'une semaine

Les points de données recueillis lors de ces déploiements sont présentés à la figure 5 dans la section Discussion des résultats. Les données IoT ont été collectées dans la plateforme Ubidots IoT et analysées dans MATLAB 7. La Wolf Pack Station et les deux versions de SeReNo2 ont été déployées dans la serre QU et leurs 500 premiers points de données ont été mesurés et enregistrés.

a. Outdoor Deployment in Brescia, Italy

b. Indoor Deployment in Brescia University Lab, Italy

Fig 25. Détails du déploiement de la gestion de la qualité à long terme en Italie

Une fois les panneaux déployés, des cartes SIM GSM ont été insérées et des paquets de données ont été chargés afin de permettre une connectivité Internet pour le contrôle et l'enregistrement des données à distance. De même, à l'Université du Qatar, à Doha, quatre sites ont été sélectionnés sur recommandation de l'ESC.

1. Laboratoire de recherche B09, Collège d'ingénierie, Université du Qatar.
2. Serre, Collège des arts et des sciences, Université du Qatar.
3. Station météorologique-Caravane, Centre d'activité des femmes, C05, Université du Qatar.
4. Centre de la petite enfance, Université du Qatar.

Les détails géographiques des sites du Qatar sont présentés dans la figure 26 ci-dessous.

Fig 26. Déploiements à long terme au Qatar sur quatre sites de l'Université du Qatar

Les données enregistrées et analysées sur la plateforme IoT et à l'aide de MATLAB sont présentées dans le tableau ci-dessous.

section 6.

4.2. Mobile AQM Principaux sites et stades de la FIFA au Qatar

Une équipe composée d'un assistant de recherche et de deux étudiants a effectué trois voyages à Doha pour la gestion de la qualité de l'air à l'échelle urbaine. Ces voyages sont résumés dans le tableau 1. Toutes les données de ces déplacements ont été collectées sur des plateformes IoT Thing Speak. Chaque point a été mesuré pendant 30 minutes. Les Geo-plots et l'analyse spatiale réalisés lors de ces voyages sont ces jalons présentés dans les sections de résultats.

Tableau 1. Déplacements pour la GQA à l'échelle urbaine

Voyage 1 : Point de repère nationalVoyage 2 : Stades de la FIFA Voyage 3 : Points de repère nationaux B		
A		
1 Université du Qatar	8 Khalifa Internationa	16 Pearl Qatar
Stade		
2 Lusail Smart City	9 Stade Al Bayt	17 Corniche
3 Mall of Qatar	Stade 10Al Janoub	18 QP Building, Corniche

4 Cité de l'éducation	11Al Rayyan Stadium	19 Bâtiment MME
5 Centre commercial Villagio	12 Stade de la ville de l'éducation	20 Centre-ville
6 Complexe médical de Hamad	Stade 13Al Thumama	21 Aéroport international Hamad
7 Fondation du Qatar	14 Stade Ras Abu Aboud	
8 CCQN	15 Stade Lusail	

Pour la méthodologie de recherche détaillée, les résultats ont été résumés en deux sections distinctes basées sur les objectifs et les paquets de travail.

4.3. Déploiements du système AQM et apprentissage automatique

Le système AQM entièrement assemblé et testé a été déployé sur les sites mentionnés dans la section 7.4. L'étape suivante a été consacrée à l'analyse statistique des données et à l'apprentissage automatique. Les résultats peuvent être résumés en trois sections :

1. Échantillonnage, mesure et analyse statistique des données AQM.
2. Enregistrement et comparaison des données IoT.
3. Apprentissage automatique et extraction de données.

4.3.1. AQM Échantillonnage, mesure et analyse statistique des données

Les données d'essai et la comparaison ont été effectuées point par point pour les points échantillonnés concernant WolfPack 3.0 pour le même ensemble de capteurs présenté dans la figure X ci-dessous et les résultats détaillés se trouvent en annexe. L'analyse statistique résumée des données dans MATLAB pour le monoxyde de carbone est présentée ci-dessous dans les figures 27 et 28.

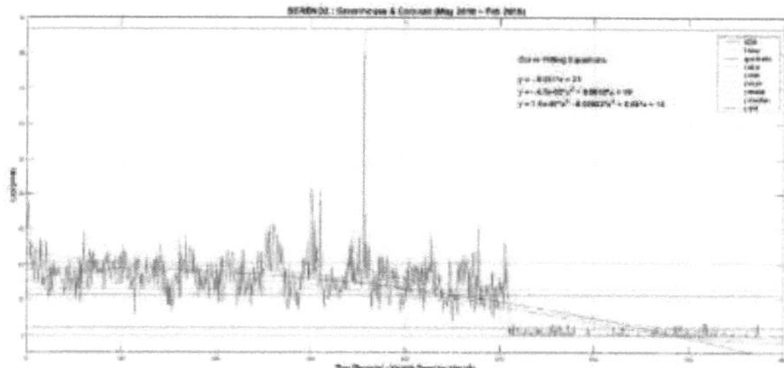

Fig 27. Analyse statistique des données sur le dioxyde de carbone dans la caravane et la serre

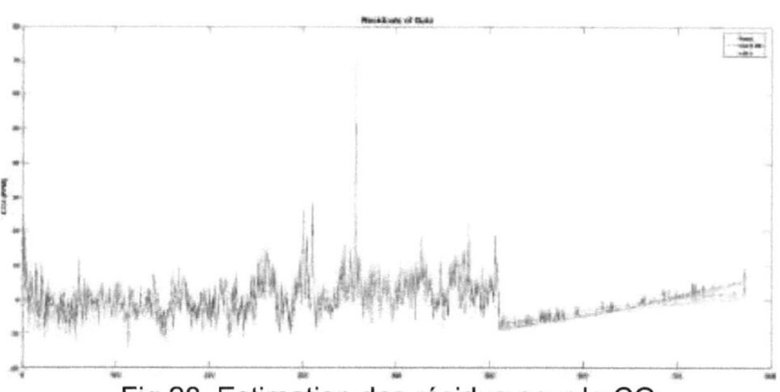

Fig 28. Estimation des résidus pour le CO

4.3.2.AQM Enregistrement et comparaison de données IoT

Un ensemble de deux nœuds a été déployé à quatre endroits de l'Université du Qatar, à Doha, au Qatar, et deux nœuds à l'Université de Brescia, à Brescia, en Italie, aux endroits mentionnés dans la section 5.1. L'enregistrement des données IoT a été effectué sur Ubidots et Thing Speak. Cette section compte deux cadres de déploiement.

1. Sites AQM statiques Enregistrement des données aux Ubidots.
2. Excursions mobiles AQM à Doha dans des lieux d'intérêt national.

4.3.2.1. Sites AQM statiques Enregistrement des données IoT sur la plateforme IoT Ubidots

Les chaînes de connexion pour Ubidots Education avec des TOKENs uniques ont été programmées sur chacun des appareils. Un aperçu de ce déploiement est présenté ci-dessous. Les données de la plateforme Ubidots IoT sont présentées dans les figures 29 et 30.

a. Aperçu du déploiement de l'AQM intérieur de l'Université du Qatar à Ubidots IoT

b. Graphiques des nœuds du système QU SeReNo2 du 1er janvier 2018 au 22 mars 2019 Fig29. Les nœuds du système AQM et les formats d'affichage Ubidots IoT

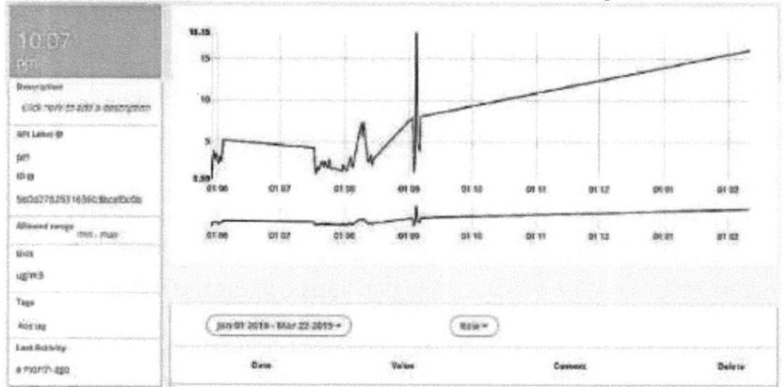

Fig30. Particules (du 1er janvier 2018 au 22 mars 2019)

Tous les tracés des données des capteurs publiés sur la plateforme IoT peuvent être observés par le propriétaire du compte.

4.3.2.2. Sites AQM mobiles Enregistrement des données IoT sur la plateforme IoT Thing Speak

L'enregistrement des données sur Thing Speak IoT est principalement axé sur les trajets AQM présentés dans le tableau 1. Cette étape était le cœur de ce projet en raison de la cartographie de la qualité de l'air à l'échelle urbaine, comme le montre la figure 31.

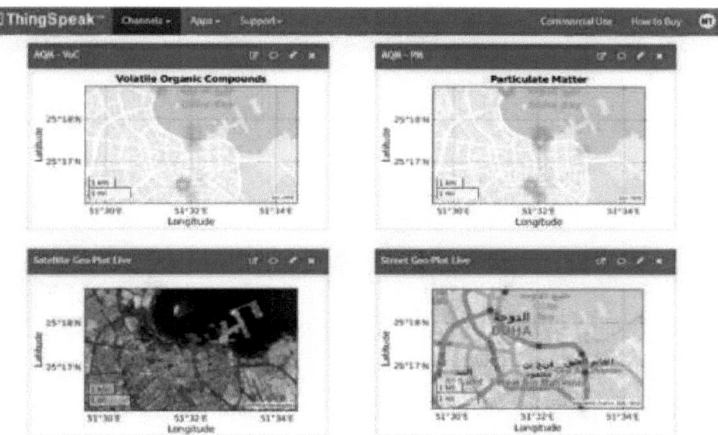

Fig31. AQM mobile en temps réel sur la plate-forme IoT Thing Speak

Cette étape était au cœur de ce projet en raison de la cartographie de la qualité de l'air à l'échelle urbaine.

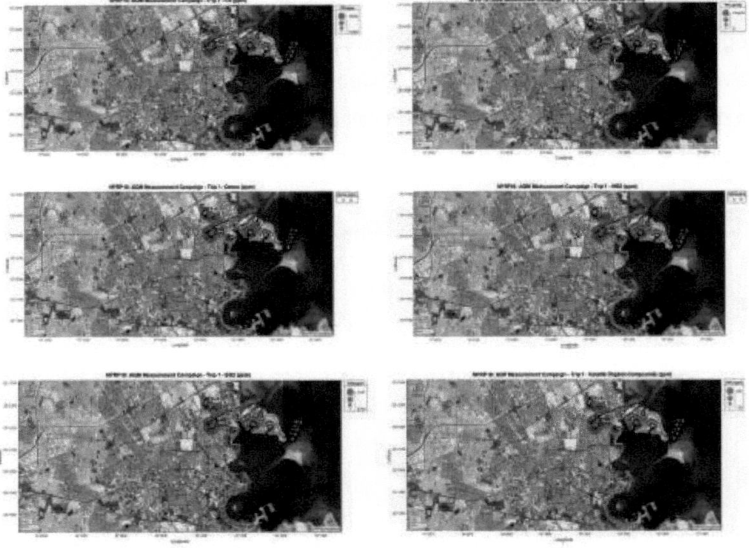

Fig32. AQM mobile en temps réel sur la plate-forme IoT Thing Speak

L'ensemble de la mise en œuvre de l'AQM mobile peut être réalisée à l'aide des systèmes développés.

5. AQ Apprentissage automatique et extraction de données

Toutes les données collectées ont ensuite été transformées en modèles d'apprentissage automatique pour des applications critiques telles que la prévision de l'AQM. Tous les prétraitements et les résultats respectifs de ce flux de travail ML sont présentés dans les figures 33 et 34.

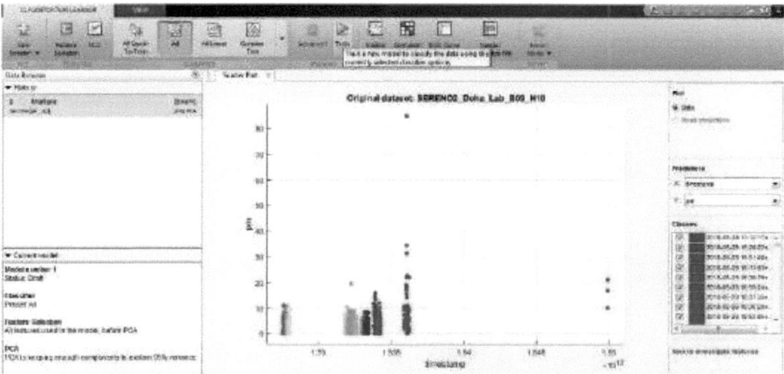

Fig33. Classification de la formation des données SeReNo2 commencée

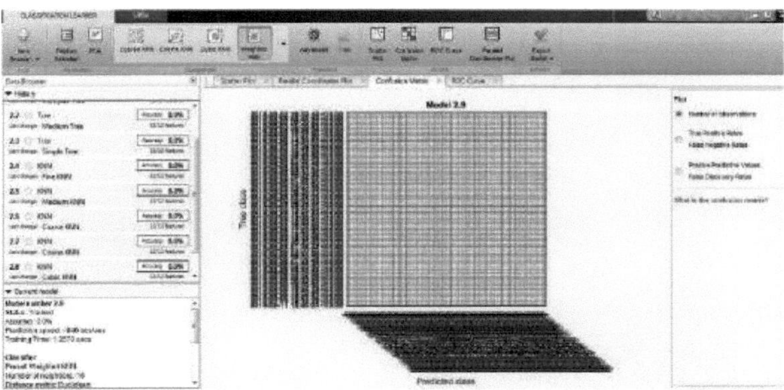

Fig 34. Matrice de confusion générée en utilisant toutes les méthodes par validation croisée à 5 niveaux.

Le résultat tangible de cette section de recherche a été la dérivation d'un modèle ML pour la prévision des données AQM pour la prévision des données de séries temporelles et plus tard mûri pour la prévision spatio-temporelle.

5.1. Estimation géospatiale de l'indice de qualité de l'air dans le cadre de la gestion mobile de la qualité de l'air (GQA)

L'ensemble de données spatiales multi-classes a été converti en variable d'espace de travail MATLAB avec le cadre de traitement et d'adaptation des données mentionné dans la publication des données multi-classes. La formulation de l'EPA a été programmée dans MATLAB comme une bibliothèque dédiée au calcul de l'IQA et à la catégorisation spatiale.

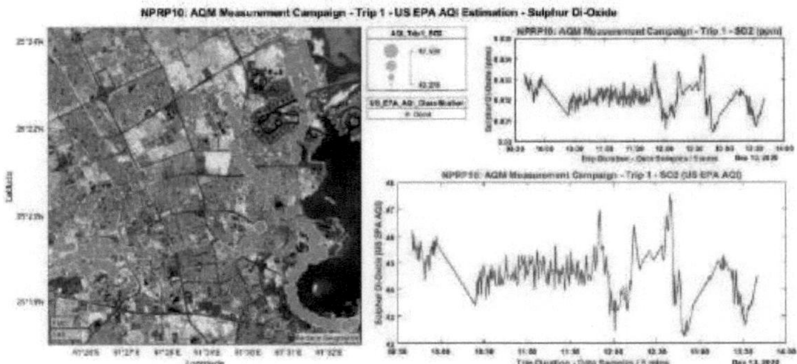

Fig 35. Mobile AQM Trip1 - Série chronologique de données SO2 et son IQA avec analyse géospatiale

sur la base des estimations de l'EPA

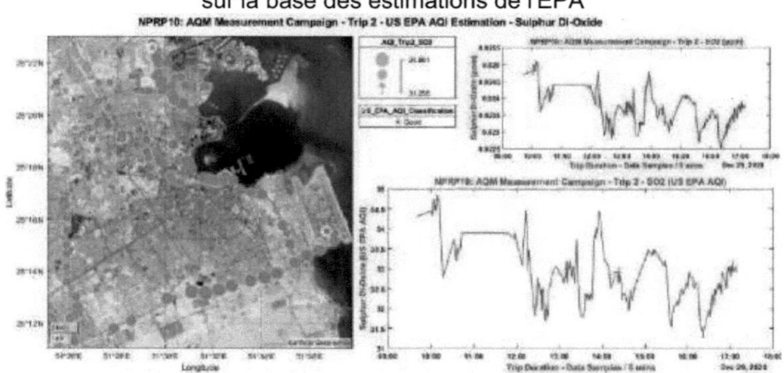

Fig 363. Mobile AQM Trip2 - Données de séries temporelles de SO2 et son IQA avec Geospatial

Analyse basée sur les estimations de l'EPA

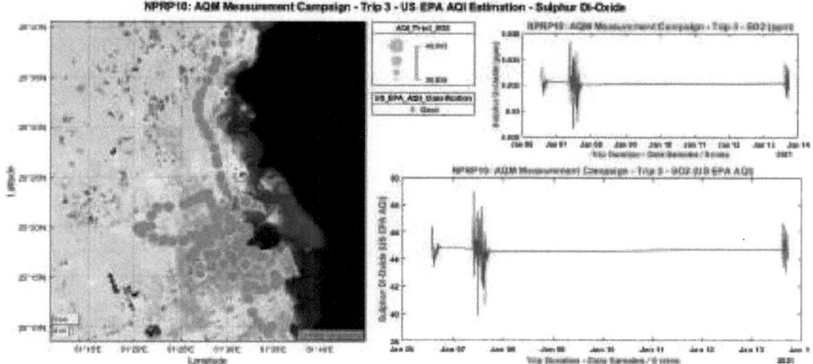

Fig 37. Mobile AQM Trip3 - Données de SO2 en série temporelle et son IQA avec analyse géospatiale
sur la base des estimations de l'US EPA

5.2. Prévision de la qualité de l'air

Lors de la formation du modèle de classification et de l'apprentissage automatique, les points d'échantillonnage étaient très minuscules, comme on peut l'observer sur la figure 38, à tel point que la classification n'était pas fiable et qu'une mesure supplémentaire de 6 mois a été effectuée.

5.2.1. Prévision du CO2 et de la température à l'aide d'une technique d'apprentissage automatique par régression bi-cluster optimisée

Le GAM a réduit les opérations de curation de séries temporelles en vrac nécessaires pour la prévision. Les données de séries temporelles doubles ont été mises en file d'attente auprès de l'OBRM qui a sélectionné en même temps les clusters environnementaux et gaziers avec les séries temporelles t1 et t2. Le paramétrage de la régression itérative a été effectué sur la base des paramètres par défaut. À chaque cycle, ces paramètres ont été optimisés en fonction des exigences des indicateurs clés de performance. Les deux modèles de régression simultanée ont été entraînés pour les vecteurs AE(t1) et AG(t2). L'erreur quadratique moyenne (RMSE) et l'erreur absolue moyenne (MAE) sont les indicateurs clés de performance communs qui ont été analysés avant l'approbation du modèle. Le modèle approuvé a été défini pour la prévision à partir des données de test et le modèle désapprouvé a été transmis à l'optimiseur qui a utilisé une approche configurable d'apprentissage automatique à base d'arbres par itérations variables basées sur l'indice de coefficient de similarité (SCI). L'organigramme de l'OBRM est présenté à la figure 38 ci-dessous.

Les graphiques suivants des variables individuelles donnent un meilleur aperçu du GAM dans SeReNoV2.

Les ICP de la GAM ont contribué à la précision et à l'efficacité de la GAM.

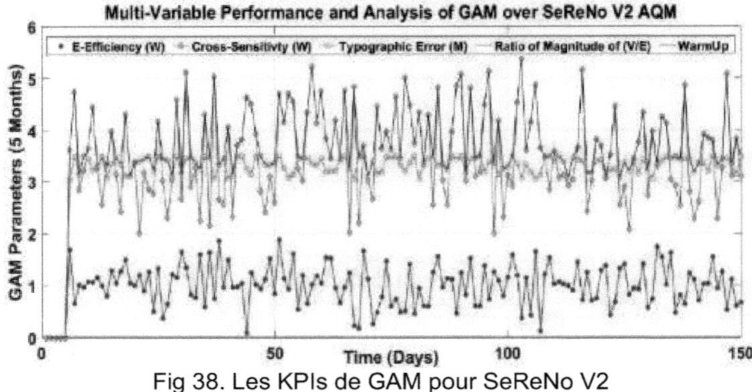

Fig 38. Les KPIs de GAM pour SeReNo V2

L'impact de la GAM peut être des temps de chauffe inférieurs à 1,83 secondes tout au long de 5 mois. La réduction des temps de chauffe a réduit le pic de puissance au démarrage qui a été réduit et a abouti à une stabilité ou une tension supérieure à 3,3V nécessaire pour les capteurs. L'erreur typographique observée autour de 3,1 à 3,4 qui est également très faible. Le graphique multi-variable présenté est la contribution principale du GAM, l'efficacité énergétique est exprimée en watt% sous la forme d'une ligne bleue, et la puissance consommée par la sensibilité croisée des gaz signifie la différence de consommation d'énergie totale dans la mesure d'un seul gaz selon les sensibilités croisées mentionnées dans la fiche technique du capteur sous la forme d'une ligne de diamants bruns.

Une procédure en quatre étapes a été suivie pour l'OBRM. Tout d'abord, la réponse prédite a été évaluée et les indicateurs clés de performance ML mentionnés dans le tableau I ont été rationalisés. Ensuite, la comparaison a été effectuée entre la réponse réelle et la réponse prédite, à l'étape 3rd les résidus du modèle entraîné ont été estimés et enfin l'optimisation a été effectuée selon les conditions.

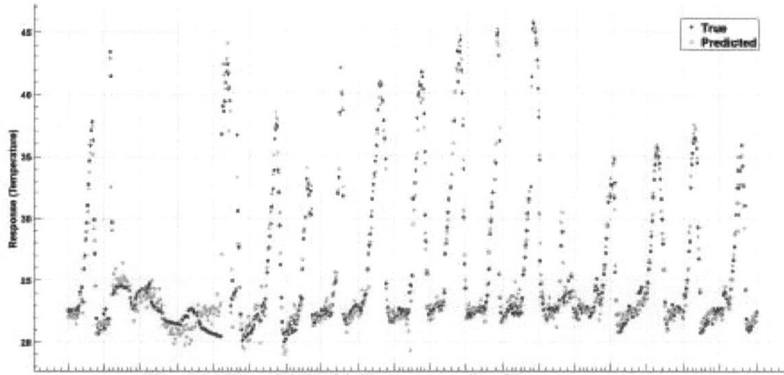

Fig 39. Réponse de l'OBRM1 à la température

La figure 39 montre la réponse en température du modèle 1 appelé OBRM1. Les données réelles sont en bleu et les données prédites en orange. Elles ont été mesurées pendant un mois. La RMSE de 1,0042 est presque idéale et n'a pas nécessité de réglage ni de vérification supplémentaires.

La taille de feuille de 2 avec 100 itérations a permis une optimisation et un suivi précis pour une prédiction exacte, comme le montre la figure 39. Le modèle généré a ensuite été testé sur des données d'essai pour prédire le CO2 pour les années 2021 et 2022, comme le montre la figure 40

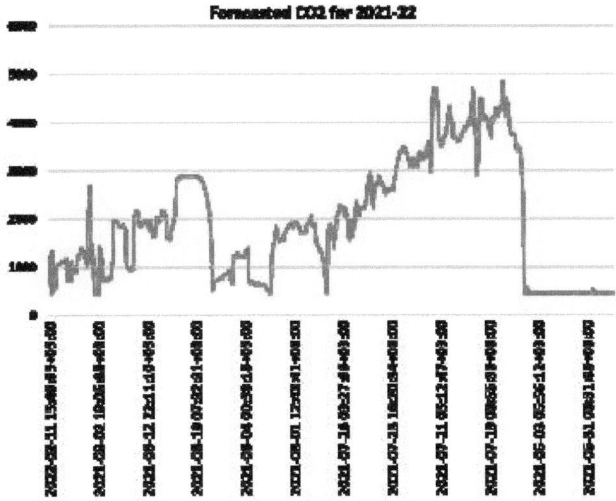

Fig 40. Les données de CO2 prévues par l'OBRM3 pour les années 2021-22.

Les données prévues pour le CO2 par l'OBRM3 étaient similaires, plus ambiantes à partir de la figure 40 avec une explication numérique et des points forts pour le calcul du PCD.

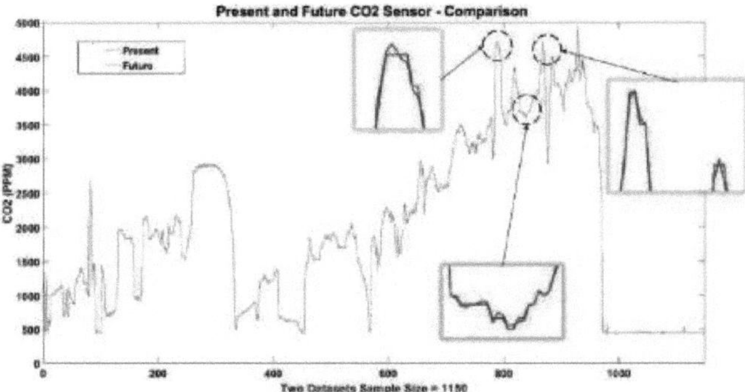

Fig 42. Le calcul du SCI pour l'OBRM3

L'OBRM3 présentait une différence infime par rapport aux données réelles, comme en témoignent les figures 43~45, sous forme d'histogrammes avec la configuration ML présentée dans le tableau 2.

Tableau 2. Réglage des paramètres de régression

	Régression bi-cluster optimisée MLT	
Paramètres	SWL (température)	OBRM3 (CO2)
Vecteur de séries temporelles	[E(AE(T, P, H, VoC, PM),t1)]	[G(AG(O3, NO2, SO2, CO), fe)]
Nombre de prédicteurs	11	11
RMSE	1.0042	1.646
R-carré	0.97	1.0
MSE	1.0084	293.98
MAE	0.66226	10.252
Vitesse de prédiction	~5100 obs.sec	~45000 obs/sec
Temps de formation	469.28	28.53
Type de modèle	Linéaire par étapes	Division de la mère porteuse
Étapes	1000	N/A
Itérations	N/A	100
Hyperparamètre	N/A	LS (1 ~577)

Le paramétrage de la régression linéaire optimisée et de l'arbre optimisé est présenté dans le tableau 2. Le temps d'apprentissage et la vitesse de prédiction sont tout à fait comparables, étant réciproques l'un de l'autre.

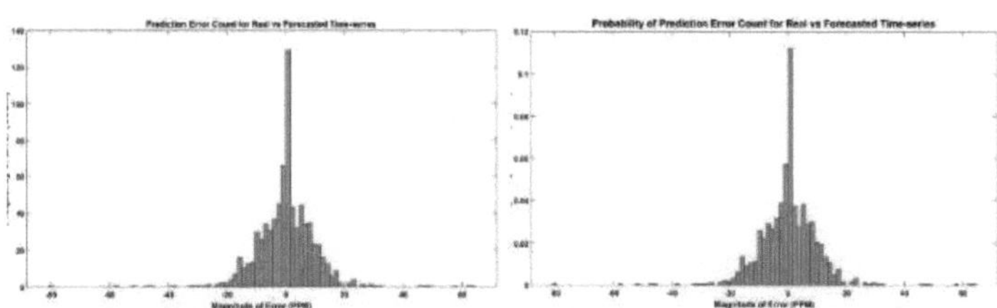
La prédiction de l'erreur dans le comptage . La probabilité de prédiction de l'erreur
Fig 43. La probabilité de la prédiction dans OBRM3 pour VAR

La fréquence du comptage des erreurs est présentée à la figure 89 et la probabilité d'erreur à la figure 43. La probabilité d'une erreur de 130 ppm est nulle d'après l'observation de la figure 95. Les probabilités d'erreurs dans l'ensemble de la plage de magnitude {0,06, 0,15} sont égales à 0 selon la figure 96. La régression optimisée multi-série temporelle-parallèle a été réalisée par la technique d'optimisation par apprentissage automatique proposée avec des résultats significatifs. Le travail présenté a mis en évidence le défi pratique des séries temporelles de la dualité et de la prévision vectorielle multi-clusters pour la première fois dans la prévision des données temporelles pour les nœuds de système IoT de cartographie de la qualité de l'air extérieur multi-variable. La méthode d'apprentissage automatique a été développée sur la base du cadre proposé de télémétrie des variables EPA sensible au gradient. Les résultats peuvent être résumés en trois étapes clés. La méthodologie de régression optimisée a permis 1) de mettre en œuvre une analyse de série temporelle double pour le vecteur de série temporelle composite non linéaire en compensant les anomalies commutatives ; 2) les indicateurs clés de performance sélectionnés pour le prétraitement des données par le matériel ont permis de réduire le temps de formation et d'améliorer les vitesses de prédiction de la formation du modèle d'apprentissage automatique ; 3) les résultats prévus se chevauchent, ce qui constitue une précision justifiée de la méthodologie de prévision.

5.2.2. Modèle CNN-VAR profond géospatial multi-classes adaptatif pour la prévision de la cartographie de la qualité de l'air

Les onze variables en temps réel sont présentées à la figure 38, qui envoie des données par le biais du modèle GSM QuecTel M10 pour un seul nœud avec deux séries temporelles chacune, la structure des données étant la même pour les trois nœuds. Le XDA-I a réduit les opérations de curation des séries temporelles multi-classes et multi-dimensionnelles en prétraitement pour la prévision. Il a donné lieu à

6 paires de $P_{SS\text{-}ST}$, WX, e_{Wx} , WSS-ST, $p_{k,t}$, et epk. Le modèle proposé a été défini pour la prévision à partir des données de test et les données désapprouvées ont été transmises à l'optimiseur qui a utilisé une approche configurable d'apprentissage automatique à base d'arbres par des itérations variables basées sur RMSE, MAE et les erreurs de traduction relatives intermodèles.

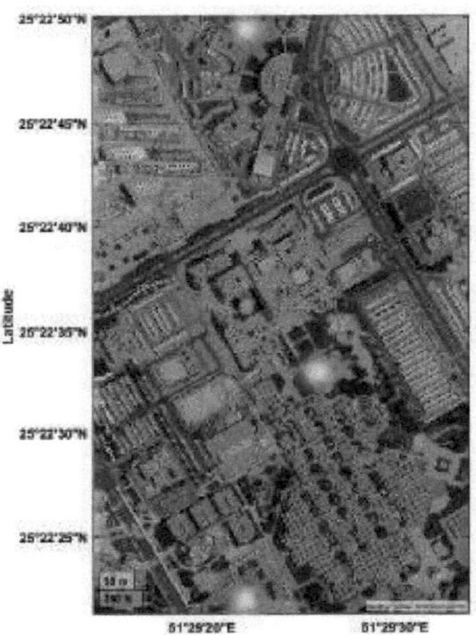

Fig. 44. Le tracé de la géodensité pour 3 déploiements de SeReNoV2 en QU

La régression de la série chronologique double de l'OBRM est présentée pour la température et le CO2 qui sont les principales préoccupations au Qatar. Ce résultat a contribué à la sécurité potentielle pendant les mesures de précaution du CoVID19. Une procédure en quatre étapes a été suivie pour l'OBRM. Tout d'abord, la réponse prédite a été évaluée et les KPI ML mentionnés dans le tableau 2 ont été rationalisés. Ensuite, la comparaison a été effectuée entre la réponse réelle et la réponse prédite, à la troisième étape les résidus du modèle entraîné ont été estimés et enfin l'optimisation a été effectuée selon les conditions.

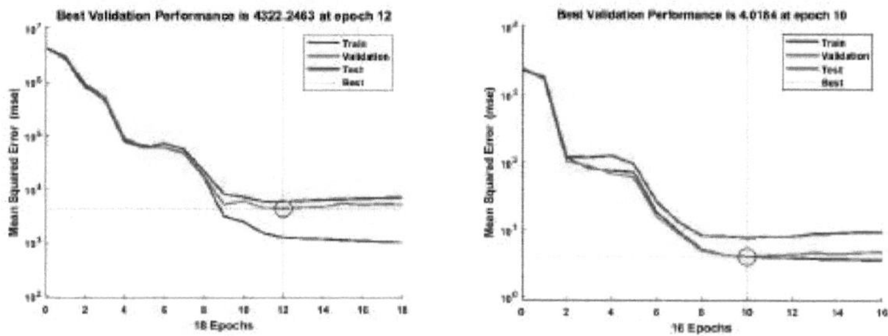

Fig 4. Validation Performance of Class 1 Time-Series 1 VAR

Fig 46. Validation Performance of Class 1 Time-Series 2 VAR

Fig 45. Performance de validation de la série temporelle de classe 1 1 VAR
Fig 46. Performance de validation de la série temporelle de classe 1 2 VAR

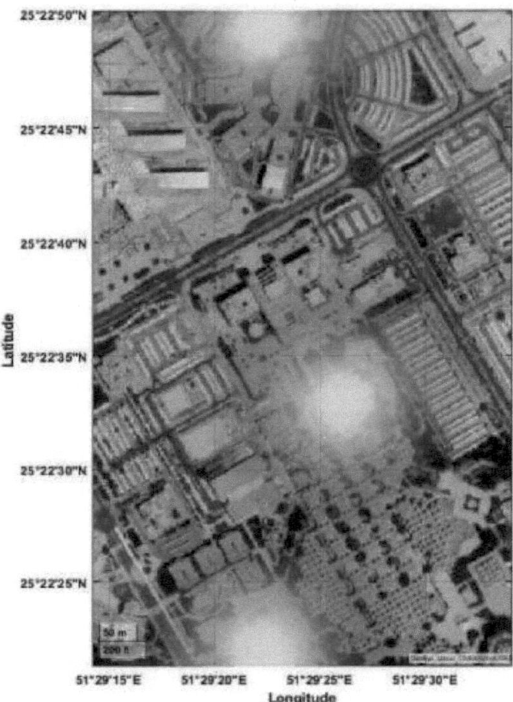

Fig 47. La prévision du Deep-CNN Model 1 pour les données de la classe 2 pour le temps universel (t) après 365 jours.

Dans la figure 53, une amélioration supplémentaire peut être observée : les valeurs réelles et prédites se chevauchent dans le graphique de réponse pour le modèle DeepCNN.

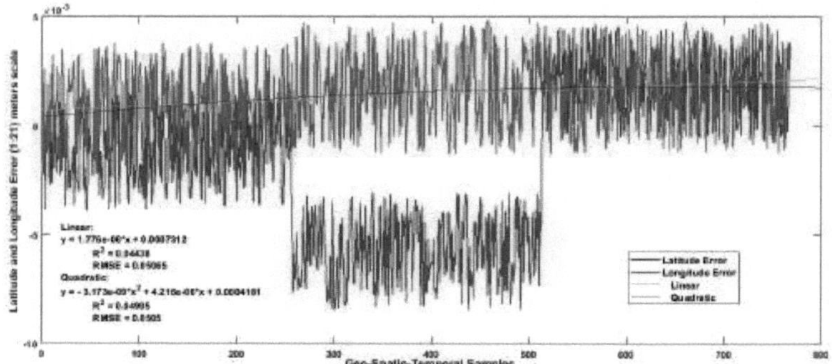

Fig 48. Graphique comparatif de l'OBRM3 pour le TS-2

Dans la fig. 48, l'erreur géométrique dans la prévision du modèle DeepCNN et son suivi et alignement effectué par ajustement de courbe pour les données observées et prédites de la classe 2 avec la configuration ML est présentée dans le tableau 3.

Tableau 3. Réglage des paramètres de régression

	Régression bi-cluster optimisée MLT	
Paramètres	SWL (température)	OBRM3 (CO2)
Vecteur de séries temporelles	E(AE(T, P, H, VoC, PM),t1)	[G(AG(O3, NO2, SO2, CO), t_2 >]
Nombre de prédicteurs	11	11
RMSE	1.0042	1.646
R-carré	0.97	1.0
MSE	1.0084	293.98
MAE	0.66226	10.252
Vitesse de prédiction	~5100 obs.sec	~45000 obs/sec
Temps de formation	469.28	28.53
Type de modèle	Linéaire par étapes	Division de la mère porteuse
Étapes	1000	s/o
Itérations	N/A	100
Hyperparamètre	N/A	LS (1~577)

Le paramétrage de la régression linéaire optimisée et de l'arbre optimisé est présenté dans le tableau 3. Le temps de formation et la vitesse de prédiction sont très proches, étant réciproques l'un de l'autre. Les probabilités d'erreurs dans l'ensemble de la plage de magnitude {0,06, 0,15} sont de 0, comme le montre la figure 48.

6. Impact potentiel

Ce travail sur l'IQA a contribué à l'ensemble de l'écosystème, notamment dans le canevas de la qualité de l'air de l'évaluation environnementale et des publications de recherche ayant des impacts à long terme.

6.1. Liste des publications associées

1. Wided Hadj Alouane, " Power allocation for asymmetric two-way fixed-gain AF relaying networks ", Springer Telecommunication Systems (2019) 71:553-559 https://doi.org/10.1007/s11235-018-0531-4.
2. Mohieddine Benammar, Sabbir Ahmad, Abderazak Abdaoui, Hasan Tariq, Farid Touati, Mohammed Al-Hitmi, "A Smart Rig for Calibration of Gas Sensor Nodes", Sensors (MDPI) (IF=3.031, 2019), vol. 20, issue 8, pp. 2341-2362, 2020.
3. Hasan Tariq, Abderrazak Abdaoui, Farid Touati, Mohammed Abdulla E Al-Hitmi, Damiano Crescini, Adel Ben Mnaouer, "Real-time Gradient-Aware Indigenous AQI Estimation IoT Platform", Advances in Science, Technology and Engineering Systems Journal, 2020.
4. D.Crescini, A.Galli, et F.Touati, "DESIGN AND IMPLEMENTATION OF INTELLIGENT SENSOR NODES FOR EFFICIENT ENVIRONMENTAL ENERGY HARVESTING". XXIIIe Congrès mondial IMEKO "Measurement : sparking tomorrow's smart revolution". 3 septembre 2021, Yokohama, Japon.
5. D.Crescini, A.Galli, et F.Touati, "Research Status and Challenges of Energy Harvesting". Le 2021 IEEE Sensors Applications Symposium : SAS 2021, du 2 au 4 août 2021 (virtuel).
6. H. Tariq, A. Abdaoui, F. Touati, M. A. E Al-Hitmi, D. Crescini et A. B. Mnaouer, "An Autonomous Multi-Variable Outdoor Air Quality Mapping Wireless Sensors IoT Node for Qatar", *2020 IEEE International Wireless Communications and Mobile. Computing (IWCMC),* 2020, pp. 2164-2169, DOI : 10.1109/IWCMC48107.2020.9148392, Limassol, Chypre.
7. A. Abdaoui, H. Tariq, F. Touati, T. Elfouly, M. Al-Hitmi et M. H. Ahmed, "Optimal Consensus Time Synchronizations for Wireless Sensor Networks", *2020 IEEE International Wireless Communications and Mobile Computing (IWCMC)*, 2020, pp. 1145-1152, DOI : 10.1109/IWCMC48107.2020.9148560. IWCMC2020, Limassol, Chypre.
8. H. Tariq, A. Abdaoui, F. Touati, M. A. E Al-Hitmi, D. Crescini et A. B. Mnaouer, "A

Real-time Gradient Aware Multi-Variable Handheld Urban Scale Air Quality Mapping IoT System," *2020 IEEE International Conference on Design & Test of Integrated Micro & Nano-Systems (DTS)*, 2020, pp. 1-5, DOI : 10.1109/DTS48731.2020.9196131, Hammamet, Tunisie.

9. A. Abdaoui, F. Touati, H. Tariq et A. Ben Mnaouer, "A Smart Rig for Calibration of Gas Sensor Nodes : Test and Deployment," *2020 IEEE International Conference on Design & Test of Integrated Micro & Nano-Systems (DTS)*, 2020, pp. 1-6, DOI : 10.1109/DTS48731.2020.9196182, Hammamet, Tunisie.

10. A. Abdaoui, S. H. M. Ahmad, H. Tariq, F. Touati, A. B. Mnaouer et M. Al-Hitmi, "Energy Efficient Real-time Outdoor Air Quality Monitoring System," *2020 IEEE International Wireless Communications and Mobile Computing (IWCMC)*, 2020, pp. 2170-2176, DOI : 10.1109/IWCMC48107.2020.9148229.Limassol, Cyprus.

11. D.Crescini, A.Galli, D. Alghisi, et F.Touati, "Ambient Monitoring WSNs with Harvesting-aware Power Management". 24nd IMEKO TC4 International Symposium Electrical & Electronic Measurements Promote Industry 4.0, 17-20 septembre 2019, Xi'an, Chine.

12. Walid Mallat, Wided Hadj Alouane, Hatem Boujemaa, Farid Touati, "Impact of outdated CSI on the secrecy performance of dual-hop networks using cooperative jamming", 2019 15th IEEE International Wireless Communications & Mobile Computing Conference (IWCMC), Tangier, Maroc, pp. 543-548, IEEE 2019/6/24. DOI:10.1109/IWCMC.2019.8766352

13. Walid Mallat, Wided Hadj Alouane, Hatem Boujemaa, Farid Touati, " Secure halfduplex dual-hop AF relaying networks with partial relay selection ", 2019 15th IEEE International Wireless Communications & Mobile Computing Conference (IWCMC), pp. 752-757, IEEE 2019/6/24, Tangier, Maroc, DOI : 10.1109/IWCMC.2019.8766497.

14. Wided Hadj Alouane, " Secure Semi-Blind AF relaying networks using multiple eavesdroppers ", 2019 15th IEEE International Wireless Communications & Mobile Computing Conference (IWCMC), Tangier, Maroc, pp. 549-554, DOI:10.1109/IWCMC.2019.8766643.

15. Wided Hadj Alouane, " Partial Relay Selection for Secure Outdated-CSI AF in Untrusted-Relay Networks ", 2019 15th IEEE International Wireless Communications & Mobile Computing Conference (IWCMC), Tangier, Maroc, DOI:10.1109/IWCMC.2019.8766537.

16. M. Abderrahim, H. Hakim, H. Boujemaa et F. Touati, " A Clustering Routing

based on Dijkstra Algorithm for WSNs ", *2019 19th International Conference on Sciences and Techniques of Automatic Control and Computer Engineering (STA)*, 2019, pp. 605-610, DOI : 10.1109/STA.2019.8717279.

17. M. Abderrahim, H. Hakim, H. Boujemaa et F. Touati, " Energy-Efficient Transmission Technique based on Dijkstra Algorithm for decreasing energy consumption in WSNs ", *2019 19th International Conference on Sciences and Techniques of Automatic Control and Computer Engineering (STA)*, 2019, pp. 599604, DOI : 10.1109/STA.2019.8717210.

18. Nesrine Zaghdoud, WidedHadj Alouane, Hatem Boujemaa, Farid Touati, "Security performance of AF and DF relay in Cooperative NOMA Systems", STA 2019, 19th International conference on Sciences and Techniques of Automatic control & computer engineering, 2019.DOI : 10.1109/STA.2019.8717242

6.2. Réalisations estimées et renforcement des capacités

Farid Touati / Adel Ben Mnaouer (Rédacteur invité et organisateurs de l'atelier) :

1. Président de l'atelier "**Energy Efficient Networking Systems and Protocols for WSNs an IoT (E^{2} NSP 2019)**", The 15th International Wireless Communications & Mobile Computing Conference (IWCMC 2019), Tanger, Maroc, 24th - 28th juin 2019.
2. Président de l'atelier "**Energy Efficient Networking, Platforms, Systems and Protocols for WSNs an IoT Workshop**", The International Wireless Communications and Mobile Computing Conference (IWCMC 2018), Thème "Global Connectivity", Chypre, 25-29 juin 2018. http://iwcmc.org/2018/
3. Chair, Wokshop on **"Energy Efficient Networking, Platforms, Systems and Protocols for WSNs an IoT (EEN-PSP 2017)",** in conjunction, with *The 13th International Wireless Communications & Mobile Computing Conference.* Site Web de l'IWCMC 2017 : http://iwcmc.org/2017/. Du 26 au 30 juin 2017, hôtel Holiday Inn, Valence, Espagne. *Sponsorisée techniquement par l'IEEE, la société espagnole de l'IEEE.*

7. Métadonnées

7.1. Nomenclature

Capteurs	Un dispositif, un module, une machine ou un sous-système qui détecte des événements physiques ou des changements dans son environnement.
Moissonneuse d'énergie	Dispositif qui extrait l'énergie de sources externes (par exemple, énergie solaire, énergie thermique, énergie éolienne, gradients de salinité et énergie cinétique).
Environnement Agence de protection	L'Agence de protection de l'environnement protège les personnes et l'environnement contre les risques sanitaires importants, parraine et mène des recherches, et élabore et applique des réglementations environnementales.
Indice de qualité de l'air (IQA)	Une échelle conçue pour aider à comprendre l'impact de la qualité de l'air sur la santé. Il s'agit d'un outil de protection de la santé utilisé pour prendre des décisions visant à réduire l'exposition à court terme à la pollution atmosphérique en ajustant les niveaux d'activité lors de niveaux accrus de pollution atmosphérique.
Firmware	Une classe spécifique de logiciel informatique qui fournit un contrôle de bas niveau pour le matériel spécifique d'un appareil.
Système embarqué	Un système informatique ou une combinaison d'un processeur d'ordinateur, d'une mémoire d'ordinateur et de dispositifs périphériques d'entrée/sortie - qui a une fonction spécifique dans un système mécanique ou électronique plus vaste.
Contrôleur de charge	Un dispositif électronique qui gère l'alimentation du banc de batteries à partir du panneau solaire.
Autodiagnostic	Un processus de diagnostic, ou d'identification, des conditions opérationnelles chez soi.
Internet des objets (IoT)	Réseau d'objets physiques dotés de capteurs, de logiciels et d'autres technologies pour se connecter et échanger des données avec d'autres dispositifs et systèmes.

GSM	Une norme a été élaborée par l'Institut européen des normes de télécommunications (ETSI) pour décrire les protocoles des réseaux cellulaires numériques de deuxième génération (2G) utilisés par les appareils mobiles tels que les téléphones mobiles et les tablettes. Elle a été déployée pour la première fois en Finlande en décembre 1991.
GPRS	Norme de données mobiles orientée paquets sur le système mondial de communications mobiles (GSM) des réseaux cellulaires 2G et 3G. Le GPRS a été établi par l'Institut européen des normes de télécommunications (ETSI) en réponse aux technologies cellulaires à commutation par paquets CDPD et i-mode.
WiFi	Famille de protocoles de réseau sans fil, basés sur la famille de normes IEEE 802.11, qui sont couramment utilisés pour la mise en réseau locale de dispositifs et l'accès à Internet, permettant à des dispositifs numériques proches d'échanger des données par ondes radio.
Matières particulaires	Des particules microscopiques de matière solide ou liquide sont en suspension dans l'air.
Organique volatile Composés	Les produits chimiques organiques ont une pression de vapeur élevée à température ambiante.
Ozone	Molécule inorganique dont la formule chimique est O3. Il s'agit d'un gaz bleu pâle avec une odeur piquante distincte.
Étalonnage	Processus de comparaison des valeurs de mesure délivrées par un dispositif en cours d'essai avec celles d'une norme d'étalonnage de précision connue.
Apprentissage automatique	Étude des algorithmes informatiques qui s'améliorent automatiquement grâce à l'expérience et à l'utilisation de données.
Passerelle	Pièce de matériel de mise en réseau utilisée dans les télécommunications pour les réseaux de télécommunications, qui permet aux données de circuler d'un réseau discret à un autre. Les passerelles se distinguent des routeurs ou des commutateurs en ce sens qu'elles communiquent par le biais de

	plus d'un protocole pour connecter un ensemble de réseaux.
Ubidots	Ubidots est une startup soutenue par des investisseurs qui fournit une application IoT Enablement aux OEM, intégrateurs de systèmes, établissements d'enseignement
ThingSpeak	Une application et une API open-source pour l'Internet des objets (IoT) permettant de stocker et de récupérer des données à partir d'objets en utilisant les protocoles HTTP et MQTT sur Internet ou via un réseau local.
Front-end analogique (AFE)	Ensemble de circuits de conditionnement de signaux analogiques qui utilise des amplificateurs analogiques sensibles, souvent des amplificateurs opérationnels, des filtres et parfois des circuits intégrés spécifiques à une application pour des capteurs, des récepteurs radio et d'autres circuits afin de fournir un bloc fonctionnel électronique configurable et flexible nécessaire pour

Références

1. Bruce, N., Perez-Padilla, R., Albalak, R. (2000) Indoor air pollution in developing countries : a major environmental and public health challenge. Bulletin de l'Organisation mondiale de la santé 78(9), 1078-1092.

2. Taylor, E. (2008) The Air Quality Health Index and its Relation to Air Pollutants at Vancouver Airport. Ministère de l'Environnement de la Colombie-Britannique.

3. Un guide sur la qualité de l'air et votre santé, Agence américaine de protection de l'environnement, Bureau de la planification et des normes de qualité de l'air, Division de la sensibilisation et de l'information, Research Triangle Park, NC. Février 2014, EPA-456/F-14-002.

4. The Plain English Guide to the Clean Air Act, United States Office of Air Quality Planning and Standards, Environmental Protection Agency Research Triangle Park, NC avril 2007, publication n° EPA-456/K-07-001.

5. Examen des méthodes de surveillance de la pollution atmosphérique urbaine et d'évaluation de l'exposition, Xingzhe Xie,*, Ivana Semanjski, Sidharta Gautama, Evaggelia Tsiligianni, Nikos Deligiannis, Raj Thilak Rajan, Frank Pasveer et Wilfried Philips. ISPRS Int. J. Geo-Inf. 2017, 6, 389 ; DOI:10.3390/ijgi6120389.

6. Sir Humphry Davy et les mineurs de charbon du monde : un commentaire sur Davy (1816) 'An account of an invention for giving light in explosive mixtures of fire-damp in coal mines'. Philosophical Transactions A, John Meurig Thomas, 2014.

7. Combustion catalytique du méthane de l'air de ventilation (MAV) - stabilité à long terme du catalyseur en présence de vapeur d'eau et de poussière de mine. Adi Setiawan, Jarrod Friggieri, Eric M. Kennedy, Bogdan Z. Dlugogorskiac, et Michael Stockenhuber.

8. Biocapteurs de glucose : Un aperçu de l'utilisation en pratique clinique. Eun-Hyung Yoo et Soo-Youn Lee. Capteurs (Bâle). 2010 ; 10(5) : 4558-4576.

9. Cowie C.C., Rust K.F., Byrd-Holt D.D., Gregg E.W., Ford E.S., Geiss L.S., Bainbridge K.E., Fradkin J.E. Prevalence of diabetes and high risk for diabetes using hemoglobin A1c criteria in the U.S. population in 1988-2006. Diabetes Care. 2010;33:562-568.

10. Turner A.P. Biocapteurs : sens et sensibilité. Science. 2000;290:1315-1317.

11. Thomas Ming-Hung Lee, Biocapteurs en vente libre : Past, Present, and Future. Sensors 2008, 8, 5535-5559 ; DOI : 10.3390/s8095535.

12. Rodriguez-Mozaz, S. ; Lopez de Alda, M.J. ; Barcelo, D. Biosensors as Useful Tools for Environmental Analysis and Monitoring. Anal. Bioanal. Chem. 2006, 386, 10251041.

13. Détection de gaz à faible indice de réfraction à l'aide d'un dispositif à fibre à résonance plasmonique de surface. T Allsop, R Neal, E M Davies, C Mou, P Bond, S Rehman, K Kalli, D J Webb, P Calverhouse et I Bennion. Meas. Sci. Technol. 21 (2010) 094029 (9pp) DOI:10.1088/0957-0233/21/9/094029.

14. Organisation mondiale de la santé (OMS). Données et statistiques ; OMS : Genève, Suisse, 2017.

15. Gillis, D. ; Semanjski, I. ; Lauwers, D. Comment surveiller la mobilité durable dans les villes ? Revue de littérature dans le cadre de la création d'un ensemble d'indicateurs de mobilité durable. Durabilité 2016, 8, 29.

16. Hasan Tariq, Abderrazak Abdaoui, Farid Touati, Mohammed Abdulla E Al-Hitmi, Damiano Crescini, Adel Ben Mnaouer, "Real-time Gradient-Aware Indigenous AQI Estimation IoT Platform", Advances in Science, Technology and Engineering Systems Journal, 2020.

17. Hasan Tariq, Abderrazak Abdaoui, Farid Touati, M. A. E Al-Hitmi, D. Crescini et A. B. Mnaouer, "An Autonomous Multi-Variable Outdoor Air Quality Mapping Wireless Sensors IoT Node for Qatar," 2020 IEEE International Wireless Communications and Mobile Computing (IWCMC), 2020, pp. 2164-2169, DOI : 10.1109/IWCMC48107.2020.9148392, Limassol, Chypre.

18. Abderrazak Abdaoui, Hasan Tariq, Farid Touati, Tarek Elfouly, M. Al-Hitmi et M. H. Ahmed, "Optimal Consensus Time Synchronizations for Wireless Sensor Networks", 2020 IEEE International Wireless Communications and Mobile Computing (IWCMC), 2020, pp. 1145-1152, DOI : 10.1109/IWCMC48107.2020.9148560. IWCMC2020, Limassol, Chypre.

19. Wang, M. ; Zhu, T. ; Zheng, J. ; Zhang, R. ; Zhang, S. ; Xie, X. ; Han, Y. ; Li, Y. Utilisation d'un laboratoire mobile pour évaluer les changements dans les polluants atmosphériques routiers pendant les Jeux olympiques d'été 2008 de Beijing. Atmos. Chem. Phys. 2009, 9, 8247-8263.

20. Hasan Tariq, Abderrazak Abdaoui, Farid Touati, M. A. E Al-Hitmi, D. Crescini et A. B. Mnaouer, "A Real-time Gradient Aware Multi-Variable Handheld Urban Scale Air Quality Mapping IoT System," 2020 IEEE International Conference on Design & Test of Integrated Micro & Nano-Systems (DTS), 2020, pp. 1-5, DOI : 10.1109/DTS48731.2020.9196131, Hammamet, Tunisie.

21. Abderrazak Abdaoui, Hasan Tariq, Farid Touati, et A. B. Mnaouer. " Une installation intelligente pour l'étalonnage des nœuds de capteurs de gaz : Test and Deployment," 2020 IEEE International Conference on Design & Test of Integrated Micro & Nano-Systems (DTS), 2020, pp. 1-6, DOI : 10.1109/DTS48731.2020.9196182, Hammamet, Tunisie.

22. A. Abdaoui, S. H. M. Ahmad, H. Tariq, F. Touati, A. B. Mnaouer et M. Al-Hitmi, "Energy Efficient Real time Outdoor Air Quality Monitoring System," 2020 IEEE International Wireless Communications and Mobile Computing (IWCMC), 2020, pp. 2170-2176, DOI : 10.1109/IWCMC48107.2020.9148229. Limassol, Chypre.

23. Bezuglaya, E.Y., Shchutskaya, A.B., Smirnova, I.V. (1993). Air Pollution Index and Interpretation of Measurements of Toxic Pollutant Concentrations. Atmospheric Environment 27, 773-779.

24. Taylor, E. (2008) The Air Quality Health Index and its Relation to Air Pollutants at Vancouver Airport. Ministère de l'Environnement de la Colombie-Britannique.

25. Pollution atmosphérique, modélisation et systèmes d'aide à la décision basés sur les SIG pour l'évaluation des risques liés à la qualité de l'air. Anjaneyulu Yerramilli, Venkata Bhaskar Rao Dodla, et Sudha Yerramilli.

26. Analyse et cartographie de la pollution atmosphérique à l'aide d'une approche SIG : A case study of Istanbul. E.Bozyazi, S. Incecik, C. Mannaerts et M. Brussel.

27. IEA, IRENA, UNSD, WB, WHO. Suivi de l'ODD 7 : l'énergie Rapport d'étape 2019. Washington : Banque internationale pour la reconstruction et le développement/Banque mondiale ; 2019.

28. Smith, K.R., Samet, J.M., Romieu, I., Bruce, N. (2000) Indoor air pollution in developing countries and acute lower respiratory infections in children. Thorax 55(6), 518-532.

29. OMS (2009) Risques sanitaires mondiaux : Mortalité et charge de morbidité attribuables à certains risques majeurs. Genève, Organisation mondiale de la santé. Disponible en ligne à l'adresse http://www.who.int/healthinfo/global_burden_disease/GlobalHealthRisks_report_full.pdf (Dernière consultation le 12 septembre 2014).

30. Parajuli I, Lee H, Shrestha KR. Évaluation de la qualité de l'air intérieur et de la ventilation dans les foyers ruraux montagneux du Népal. Int J Sustain Built Environ. 2016 ; 5:301-11.

31. Mohieddine Benammar, Abderrazak Abdaoui, Sabbir HM Ahmad, Farid Touati, Abdullah Kadri.Une plateforme IoT modulaire pour la surveillance en temps réel de la

qualité de l'air intérieur. Capteurs 2018.
32. Sicard, P., Lesne, O., Alexandre, N., Mangin, A., Collomp, R. (2011) Air quality trends and potential health effects - Development of an aggregate risk index. Atmospheric Environment 45, 1145-1153.
33. Farid Touati, Claudio Legena, Alessio Galli, Damiano Crescini, Paolo Crescini et Adel Ben Mnaouer. Nœud de capteur sans fil multiparamétrique alimenté par l'environnement pour le diagnostic de la qualité de l'air. Capteurs et matériaux, vol. 27, n° 2 (2015) 177189.
34. Mohieddine Benammar, Abderrazak Abdaoui, Sabbir HM Ahmad, Farid Touati, Abdullah Kadri. Surveillance de la qualité de l'air intérieur en temps réel par un réseau de capteurs sans fil. Journal international de l'internet des objets et des services web, 2017.

Printed by Books on Demand GmbH, Norderstedt / Germany